AF562756

L'immagina di copertina rappresenta il passaggio tra generazioni del pianeta che abitiamo con la sua atmosfera e l'energia artificiale che l'umanità produce per il suo benessere.

Primo volume della serie energia.

Energia, tutto quello che è bene sapere 1: https://amzn.to/3ELQJ69

Valori e consumi statistici, energia primaria ed elettrica, reti elettriche, cenni ambientali, centrali idroelettriche, a gas, a petrolio, a carbone, a solare. Eoliche, atomiche a fusione.

Secondo volume della serie energia.

Energia e clima, la grande questione. Tutto quello che è bene sapere 2: https://

Disanima sul riscaldamento globale e l'energia. Parigi COP25, Glasgow COP26, atmosfera terrestre in 4,7 miliardi di anni, carote di ghiaccio polari, rialzamento dei mari, ecc. ecc. e conclusioni.

ENERGIA E CLIMA
LA GRANDE QUESTIONE

Tutto quello che è bene sapere 2

ENERGIA E CLIMA
LA GRANDE QUESTIONE

Tutto quello che è bene sapere 2

Disponibile edizione eBook: https://amzn.to/34pgKf6

Elenco miei libri: https://amzn.to/35xVGjR

Ettore Accenti

Linkedin: Ettore Accenti

Blog: http://ettoreaccenti.blogspot.ch/

Copyright © 2022

ENERGIA E CLIMA
LA GRANDE QUESTIONE

Tutto quello che è bene sapere 2

ISBN-13: 9798403330077

Distiworld Publishing

Copyright © 2022 - Rev 31 gen 2022

Dedica

Alle nuove generazioni che dovranno risolvere il più complesso problema che l'umanità abbia mai incontrato dall'origine dell'apparizione dell'homo sapiens sul nostro pianeta

L'autore

Appassionato di tecnologie fin dai miei studi di ingegneria elettrotecnica al politecnico di Milano, da tempo ne pubblico libri sulle tecnologie con vari indirizzi rivolti soprattutto ai giovani. Quei lontani studi, mi hanno facilitato la lettura di molti documenti, a volte veramente ostici, che trattano del tanto discusso cambiamento climatico. Ho così potuto confrontare molti dati e molte tesi, e spesso, rifare i calcoli per capire se le tesi e le conclusioni fossero matematicamente corrette. Dai tempi in cui non si parlava d'inquinamento atmosferico, di solare e di eolico e le centrali idroelettriche la facevano da padrone con all'orizzonte le centrali atomiche, eccomi "fiondato" su un argomento così importante e complesso, nella speranza di apportarvi un piccolo contributo di conoscenza ed esperienza.

SOMMARIO

Introduzione

Mi pare di vivere in un pianeta di matti, o forse, rivedo le stesse storie che si ripetono come sempre, ma con modalità diverse.

Vedo una gioventù anelante a partecipare alle decisioni del mondo in cui vivono e, come sempre, rapidamente sfruttata dai potenti in carica per i loro fini, dichiarati e no, di potere.

Chi scrive queste righe ha vissuto le rivoluzioni studentesche degli anni Sessanta, anche allora, subito sfruttate a fini politici dai poteri.

Allora, negli anni Settanta, pur essendo molto impegnato tra famiglia e lavoro, per il mio desiderio di essere sempre informato sulle notizie del mondo, leggevo autorevoli pubblicazioni come Business Week, Science, Newsweek, giornali locali, e ascoltavo importanti conferenze che descrivevano un mondo che presto si sarebbe trovato in gravi difficoltà per l'energia con un petrolio quotato allora 200 dollari e poi per l'incubo, paventato da tutti, della completa mancanza di petrolio, che si sarebbe esaurito entro l'anno 2.000.

Spaventato, ma ero in buona compagnia, avevo preparato una bella riserva di legna in cantina ed acquistato tre stufette di ghisa, nel caso arrivasse la terribile emergenza.

Quel sentimento era molto comune ed ho decisamente condiviso la necessità, raccomandata da molti, delle centrali elettriche atomiche: col consenso generale ne sono state costruite 500 nel mondo!

Giunto all'inizio del terzo millennio, scopro che si pensa a disinstallarle spendendo più di quanto era costato costruirle e che la crosta terrestre pare galleggi sul petrolio, tanto che il suo prezzo al barile è sceso fino a sotto i 30 dollari, mentre il mondo finanziario si agitava per il suo eccessivo ribasso.

A metà degli anni Ottanta venne a galla la questione mondiale del buco dell'ozono: occorreva rinunciare all'uso di certi gas nei condizionatori ed io cambiai il condizionatore della mia auto per immetterci il nuovo gas più "sano" e spendendo una discreta somma.

Ancora oggi non ho capito se quei gas giocavano quel ruolo così importante per l'ozono, so solo che quel buco è oggi più grande di allora e che allora moltissime industrie guadagnarono parecchio nel cambio. Invece molti Paesi, tra cui Cina ed India, non fecero nulla.

Ora vedo giovani turbati in tutto il mondo per le notizie sul loro futuro, sul futuro dei loro figli e nipoti per il riscaldamento globale ed ecco che vengono proposte soluzioni, più o meno fattibili, per quello che probabilmente è il vero problema. Solo mi domando se le soluzioni proposte non faranno altro che aumentare il problema o crearne altri che alcuni, più accorti nel pensare al proprio tornaconto, sfrutteranno.

Vedo i poteri mondiali che corrono a proporre soluzioni, chiedere investimenti immani, imporre sacrifici ed a farsi bandiera delle richieste da parte di moltitudini di giovani inesperti, appropriandosi del loro diritto di chiedere "di vivere in un mondo migliore".

Peccato che, per raggiungere quel "migliore", i Grandi suggeriscono "pelose" soluzioni che tendono più ad aumentare i fatturati che non a risolvere un problema che è dannatamente complesso sia da capire e, molto di più, da risolvere.

Diversamente dalla mia esperienza di molti anni fa, questa volta personalmente dispongo di molto tempo e di una certa competenza nel leggere documenti tecnici anche se molto complicati e così ho studiato a fondo l'argomento in questione, analizzando un mare di testi storici e giungendo alla conclusione che di sicuro la temperatura media della Terra sta aumentando a causa nostra. Sono però anche sicuro che le soluzioni proposte non tengono conto di quello che l'umanità può fare o non può fare.

È indubbio che la nostra ingordigia, anzi, che l'ingordigia dei Paesi più ricchi che distruggono il nostro pianeta a ritmi intollerabili, debba cambiare, ma non ho ancora sentito un solo capo di Stato, un eminente rappresentante pubblico, al ritorno dai loro sontuosi incontri e pranzi dire: "Basta, dobbiamo ridurre i nostri consumi, eliminare l'inutile e conservare le risorse che stiamo consumando per i nostri nipoti, pronipoti e pro-pronipoti".

E quel che è ancora più discutibile, proprio nessuna grande organizzazione internazionale, ONU, WTO, e chi più ne ha più ne metta, proporre come la nostra ingiustissima umanità debba distribuire meglio le risorse, che il pianeta ci regala, in modo più equo tra tutti i suoi abitanti: un miliardo di individui che consumano trenta volte quello che altri tre miliardi consumano!

E no, questo non si può fare, ma quel che è peggio, non si può neanche dire! Però la proposta di alcuni ben pensanti che vorrebbero risolvere il problema di questi squilibri regalando a quei tre miliardi l'elemosina di 33 dollari ciascuno all'anno, quello sì, si può discutere per anni … condizionandolo però al fatto che i tre miliardi si comportino bene, cioè non come il miliardo benpensante si è comportato fino ad oggi.

E poi, guardare al vero problema e proporre soluzioni che fanno perdere consenso si rischia di non essere rieletti alla legislatura seguente o peggio, di non poter più conservare le ben remunerate poltrone. Ma questa è la storia di sempre!

Aumentare i consumi, far crescere l'idolatrato PIL, magari aprendo nuove fabbriche, aggiungendo nuovi sprechi ed inquinando il pianeta ancora di più, non fa perdere immediatamente voti ed al lontano futuro meglio non pensarci. Ci penserà chi verrà dopo!

Ecco che trovandomi in una situazione non nuova, ma profondamente diversa dalle precedenti ed avendo raccolto molti elementi per capire un po' meglio il da farsi, mi sono deciso di raccogliere in questo libro un condensato di informazioni utili, lasciando al lettore un giudizio su quanto sta accadendo sulla questione energetica ed il cambiamento climatico, preavvisandolo che non gli sarà facile trarne conclusioni realizzabili nella realtà.

E qui aggiungo per il lettore un importante avviso di vita reale che ho imparato spesso a mie spese:

NON È IMPORTANTE QUELLO CHE È GIUSTO FARE, È IMPORTANTE SAPERE QUELLO CHE SI PUÒ FARE

Allo scopo di fornire al lettore una visione globale ho inserito nel libro le trascrizioni di alcune conferenze sul clima scelte tra le decine che ho ascoltato da parte di scienziati, optando per chi, mi risulta non abbia interessi al di fuori della loro scienza.

Prima di passare all'argomento "cuore" del libro, desidero fornire alcuni suggerimenti che ho appreso non per "scienza" ma per "esperienza" nella mia lunga vita in questo, tutto sommato, meraviglioso, unico ed imprevedibile pianeta.

SUGGERIMENTI PER I GIOVANI LETTORI

In generale diffidate sempre e comunque di chi vi parla del futuro per ottenere qualcosa nel presente! Il futuro è incerto, il presente è certo e conquistabile: i furbi lo sanno bene!

Bufala 1: cento scienziati affermano che ...

Frase che sentirete spesso quando si vuol convincere qualcuno su un argomento senza averne le prove o la certezza, ma con finalità "pelose".

Negli anni Venti del secolo scorso cento scienziati tedeschi pubblicarono e firmarono un corposo documento scientifico per dimostrare quanto fosse sbagliata la Teoria della Relatività di Einstein.

Einstein rispose: "*Perché cento firme, se la dimostrazione è corretta ne basta una!*".

L'affermazione di Einstein non è così ovvia, ma se ci si pensa bene, allo studente, a scuola, il professore che insegna il teorema di Pitagora non dice che quel teorema è sicuramente vero perché cento matematici lo hanno affermato, ma dà allo studente la dimostrazione del solo Pitagora.

Bufala 2: quel premio Nobel afferma che ...

Questa è un'altra delle frasi da cui dovete stare molto in guardia.

Per spiegarmi, torno al nostro Einstein, il più grande fisico del secolo scorso e premio Nobel nel 1921.

Quando si vuole avvalorare una tesi, magari assurda, la si mette in bocca di qualche personaggio eccellente e che, magari, l'ha anche detta veramente.

Einstein dedicò metà della sua vita per dimostrare che la meccanica quantistica, scoperta da giovani scienziati negli anni Venti, non è coerente e destinata ad essere confutata.

Einstein è morto nel 1955 convinto di questo, ed oggi noi costruiamo computer quantistici con quella meccanica quantistica.

Il compianto e grande fisico Hawking scrisse che l'intelligenza artificiale avrebbe distrutto l'umanità. E questo non si verificherà.

Cosa voglio dire con questo? È pericoloso credere a verità in base a quanto uno è blasonato in qualcosa.

Einstein non era un esperto di meccanica quantistica ed Hawking non era un esperto informatico.

Voglio forse dire che questi grandi uomini non debbano essere ascoltati? Assolutamente no! Ma si deve stare attenti a quanto riteniamo che dalla loro bocca escano verità in forza del loro blasone.

Le opinioni di Einstein e quelle di Hawking, al di fuori dei loro specifici campi di interesse, valgono quanto le opinioni che su quegli stessi argomenti vengono espresse da persone molto istruite, ma non esperte nello specifico settore.

Sia Einstein, sia Hawking hanno espresso molte opinioni interessanti di politica, di vita, assolutamente degne di essere ascoltate, ma va dato a queste un valore diverso rispetto alle loro "dimostrazioni scientifiche provate e premiate nei loro ambiti di massima eccellenza".

È parte del problema che tutti stiamo subendo con la questione dell'epidemia da Covid19: una affermazione da parte di un virologo riconosciuto a livello mondiale, non può avere lo stesso valore di un'affermazione da parte di un qualsiasi medico, non virologo, anche se blasonato in altre specialità. Tutto qui.

Bufala 3: Bill Gates e Sorus aiutano l'Africa ...

E non solo loro, ma molti altri che, da quando si parla del problema di oltre un miliardo di persone alla fame in quel continente, pubblicizzano da tutte le parti aiuti, non sapendo costoro di cosa farsene delle decine di miliardi di cui dispongono.

Sia chiaro, che regalino qualcosa non è disdicevole, ma millantare che quella è parte della soluzione significa illudere quel mondo.

Sono d'accordo con la Dr.ssa Ngozi Okonjo-Iweala, ex ministro delle finanze della Nigeria, ex vicepresidentessa del World Bank

Group, attuale direttrice generale del WTO (World Trade Organisation) ed espertissima di cose africane, che, in una conferenza in America, si è scagliata contro le continue, indiscriminate pioggerelline di denaro dei vari Sorus, Gates ed altri.

In quella conferenza, pur ringraziando la loro generosità poco mirata, concluse con l'affermare che quello di cui l'Africa ha veramente bisogno è che le importanti aziende americane aprano in Africa aziende paritetiche con imprenditori e manager africani. Solo così l'Africa può crearsi strutture imprenditoriali e giovani manager autosufficienti per la crescita dell'Africa.

Naturalmente invece tutti, ma proprio tutti i Grandi fanno finta di non vedere le soluzioni necessarie, ma solo parlano di elemosine, aiuti e come fermarne l'emigrazione.

D'altra parte, è inutile pensare che a questo mondo si aiutino a nascere eventuali futuri concorrenti.

Bufala 4: abbiamo il 40 % di energia pulita

È pazzesco come a livello politico ed in mezzo mondo si millantino successi nel limitare le emissioni di CO2, che non sono mai diminuite, riportando statistiche totalmente falsate.

A volte mi domando se sia ingenuità, incompetenza o peggio, pericolosa demagogia. Si citano statistiche che, nel caso più onesto, si riferiscono alla potenza installata e non all'energia prodotta e consumata, in altre si cerca di spingere verso soluzioni economicamente convenienti solo per qualcuno.

Ovvio che ai non tecnici è facile far credere risultati mai raggiunti. Ne parleremo in dettaglio, comunque sappiate che non ho mai visto tanta faciloneria nel riportare dati e statistiche così fuorvianti come nell'ambito dell'energia.

Per farla breve, sono venti anni che al mondo si investono cifre colossali in eolico e solare, si sono creati enormi problemi di ecologia e ambiente nella loro installazione e, nel mondo, l'energia prodotta e consumata con eolico e solare nell'anno 2019 non ha raggiunto la percentuale del 3 % dell'energia rinnovabile totale consumata dall'umanità e questa per la maggior parte è generata dai rifiuti e dal biofuel. E domandatevi perché, appena aumentano petrolio e gas, tutto aumenta enormemente e subito ovunque.

Sia chiaro, non sono contro eolico, solare o qualsiasi energia così detta pulita, si può certamente sfruttarle, ma forniamo i giusti numeri e soprattutto non illudiamo il mondo che certe soluzioni stiano economicamente in piedi!

Premesso tutto questo, passiamo ora alla parte che riguarda l'energia.

Energia e clima: la grande questione

Da qualche decennio ci siamo resi conto che il procedere della nostra civiltà e il nostro naturale ed egoistico desiderio di accrescere il nostro benessere, accompagnato dalla nostra straordinaria crescita, hanno cominciato a modificare l'ambiente in cui, da un paio di milioni di anni lo abitiamo come Homo Erectus e poi Sapiens.

Da sempre abbiamo modificato l'ambiente in cui viviamo, all'inizio come qualsiasi mammifero e poi come mammifero intelligente, ma solo localmente fino a qualche millennio fa.

Dopo l'ultimo picco glaciale raggiunto 25 000 anni fa ci siamo rifugiati sulle palafitte per evitare altri esseri viventi pericolosi, abbiamo dissodato la terra per alimentarci con l'agricoltura, disboscato foreste per creare città, soggiogato animali per sfruttarne la loro forza ed il loro contenuto calorico, ma la combinazione tra l'entità della nostra recente ingordigia unita ai numeri raggiunti oggi della popolazione non si limita più a condizionare i nostri habitat locali, ma addirittura riesce ad influenzare il pianeta nel suo complesso.

La nostra cara "Madre Terra" non è che ne soffra più di tanto, esiste da 4,7 miliardi di anni e ne ha passate di tutti i colori: scontro tra pianeti da cui è nata la Luna, periodi glaciali e terrificanti caldi, meteoriti che ne hanno sventrato la superficie, eruzioni vulcaniche che hanno oscurato il cielo per millenni e chi ne ha più ne metta.

Gli scienziati poi ci informano che possiamo stare tranquilli almeno per i prossimi 3 o 4 miliardi di anni prima che la Terra diventi inabitabile per cui, diciamocelo chiaramente, questa nostra Madre non corre grandi pericoli a causa di quello che noi possiamo farle.

Lasciamo quindi perdere affermazioni sproporzionate come "salviamo il pianeta", sicuramente questo pianeta si sa salvare da solo, come nei miliardi di anni passati.

Scendendo un po' più con i piedi per terra, siamo di fronte all'egoistica domanda di come evitarci qualche prossimo mal di testa e su come accrescere il nostro egoistico benessere e quello dei nostri discendenti senza rinunciare troppo a quanto abbiamo conquistato.

Questa è sostanzialmente l'amletica questione: "cosa decidere oggi affinché la nostra Madre non ci sgridi troppo e non sculacci anche i nostri nipotini per le nostre intemperanze".

Ricordiamoci come noi umani si ragioni in anni e che i più dotati di noi ragionano in decenni, nulla per la Natura, che ragiona in milioni di anni, se non miliardi.

Quanto detto potrebbe far pensare che allora sia inutile preoccuparci più di tanto, poiché sarà la Natura a mettere a posto le cose!

Ecco però che entrano in gioco due altri fondamentali fattori della nostra natura che hanno a che fare con l'istinto di sopravvivenza individuale e della specie.

Questo istinto è comune a tutti i viventi, ma **noi ne abbiamo acquisito uno in più e cioè la nostra capacità di capire la Natura**, penetrarne i segreti e sfruttarli a nostro favore: con questo intendo che la nostra intelligenza, senza entrare in discorsi filosofici, ci spinge a scegliere il meglio per noi e per gli altri nell'ambito della nostra libertà, quella che chiamiamo etica.

Siamo così giunti al punto cruciale delle scelte che l'umanità oggi si trova a fare e che riguardano il nostro futuro, intendendo il futuro della specie e non di noi come individui.

Quando si parla di scelte si sottintende che ne esistono diverse possibili e, se queste fossero tutte fattibili, ecco che nascono posizioni diverse, fazioni che preferiscono la soluzione A e altre la B.

Tutto è assolutamente normale se il dibattito è informato e non prevenuto; anzi "deve" essere un dibattito perché solo così possono essere sviscerati tutti gli argomenti e si può giungere a delle scelte ponderate.

Lo scopo di questa premessa è di sottolineare che quanto leggerete nei prossimi capitoli e che riguardano energia e clima è una panoramica quanto più dettagliata possibile per fornire al lettore non specializzato un mezzo per una prima ampia lettura di fatti scientifici e storici.

Sarà poi suo compito approfondire ciascun argomento con i numerosissimi documenti rintracciabili su internet ma, soprattutto, potrà valutare i futuri messaggi che gli arriveranno dai "Grandi" con un sufficiente spirito informato.

Prima di passare a trattare di energia, di cambiamenti climatici e di tutte quelle questioni di cui oggi sono pieni i giornali e le conferenze, dobbiamo rispondere ad una domanda cruciale: "Siamo forse in troppi su questo pianeta"?

In fondo, a parte gli insetti, nessun altro essere vivente si è diffuso così tanto sul nostro pianeta di cui stia mangiando le risorse così velocemente.

Dobbiamo preliminarmente scegliere un SI o un NO a questa esiziale domanda.

Se la risposta è SI allora la soluzione sarebbe semplice: fissiamo, per esempio a cinque miliardi il numero di esseri umani che possono occupare il pianeta, magari definendo anche il livello dei loro consumi, e così saremmo certi di risolvere in un sol colpo riscaldamento globale, rifiuti, alimenti e inquinamento.

A questo proposito ricordo che qualcosa di simile è stata decisa in Cina quando per decenni fu imposto il figlio unico tassando ogni figlio in più per limitare la crescita demografica.

Quella infausta decisione ha scombinato la naturale crescita di quel Paese creando oggi mostruosi problemi sulla distribuzione tra maschi e femmine e tra giovani e vecchi.

Pare proprio che la natura non ami che le si vada contro!

Se scegliamo NO allora le altre scelte a cascata si complicano in maniera infinita e per quanto riguarda l'energia, dovremo procurarcene una quantità pure infinita per conservare, anzi aumentare, il nostro benessere attuale e dei nostri numerosi pro-pro-pro-pronipoti.

Non so quale sia la scelta di chi mi legge, ma la mia è stata, da quando ero studente molti anni fa, il NO. Noi dobbiamo crescere all'infinito, dobbiamo conquistare il sistema solare, la nostra galassia e l'universo intero ... forse nel futuro! Sarò ottimista ma la penso così!

Per questo avremo bisogno di un'enorme quantità di energia, dovremo scoprire come dominare i buchi neri e come viaggiare vicino alla velocità della luce.

Quel mio "NO" da studente, che significava credere nell'espansione illimitata dell'umanità, mi era sorto perché allora mi ero fatto un semplice conto.

Volevo capire l'ordine di grandezza di quante persone avrebbero potuto abitare sulla Terra e feci un'ipotesi: presa una superficie dell'ordine di dimensione dell'Italia, diciamo 300.000 km quadrati, e supponendo di costruirvi sopra tanti condomini affiancati alti 100 metri, tutti con appartamenti per 3 persone di 100 metri quadrati ed alti 2,5 metri per ospitare famiglie di 3 persone, quanti abitanti riuscirebbero a starci?

Il risultato mi aveva impressionato perché in quell'alveare di appartamenti avremmo potuto abitarci in qualcosa come 360 miliardi di persone!

Chiaro che si tratterebbe di un alveare invivibile per noi, ma mi forniva un ordine di grandezza estremo su quanti di noi avrebbero potuto in futuro vivere sul pianeta.

Per vivere abbiamo anche da risolvere altri fattori oltre al nostro spazio fisico, come strade, alimenti, spazzatura e soprattutto energia, risolti i quali non dovrebbero esserci problemi per la nostra crescita fino anche a parecchie decine di miliardi.

Con questa visione ottimistica del futuro, per il momento, analizziamo come e quanta energia produciamo oggi per poi decidere come produrne in maggior quantità in futuro, senza disturbare troppo il pianeta

Energia: gli enormi valori in gioco

Con questo capitolo riassumerò sintetizzando quanto ho trattato nel mio primo volume sull'energia a cui rimando il lettore interessato alla descrizione tecnica dei consumi mondiali, delle centrali e di come le reti elettriche sono realizzate.

La capacità che l'homo sapiens acquisì, forse inconsapevolmente, nel maneggiare l'energia è il momento che ci ha reso un mammifero diverso dagli altri.

Creare il fuoco strofinando rami secchi dopo averli visti bruciare incendiati da qualche fulmine fu un salto immenso, compiuto dai nostri avi che vivevano nelle caverne.

Fu così che impararono a cuocere i cibi, a riscaldarsi d'inverno e, certamente, a tenere lontane le belve feroci dall'ingresso delle loro caverne.

Da allora dell'energia non abbiamo più potuto farne a meno e l'abbiamo usata in mille modi, compresi quelli per ucciderci a vicenda creando sempre nuove armi, di cui pare siamo indiscussi maestri se pensiamo che anche oggi, la prima cosa che abbiamo fatto quando abbiamo appreso che la massa è energia concentrata, sia stata quella di costruirci le bombe atomiche prima delle centrali!

Per quanto ci riguarda da vicino ed i cambiamenti climatici dobbiamo risalire ad un paio di secoli fa con la nascita della così detta "**era industriale**" ed il conseguente utilizzo delle risorse energetiche fossili accumulate sottoterra dalla Natura nelle centinaia di milioni d'anni precedenti.

In realtà quell'energia va considerata come prodotta dal nostro Sole esattamente come oggi artificialmente facciamo col fotovoltaico.

Allora il Sole alimentava le piante e tutta la flora, che a sua volta alimentava i voraci predatori e la fauna tutta. Morendo poi, flora e fauna si accumulava sottoterra conservando parte dell'energia ricevuta in vita: questa è l'eredità che stiamo consumando e che definiamo "**energia fossile**".

Noi umani, voraci predatori come pochi sul pianeta, abbiamo infatti scoperto questa grazia dell'Onnipotente Amon Ra, come direbbero gli antichi egizi, sotto forma di carbone, petrolio e gas, ed abbiamo imparato a dissotterrarla e ad usarla smodatamente per alimentare le nostre macchine e la nostra vita.

Questo ci ha permesso di crescere a dismisura e di passare dal miliardo di abitanti alla fine del diciannovesimo secolo agli otto miliardi attuali, raddoppiando contemporaneamente la nostra vita media.

Quell'energia dissotterrata è la ragione del nostro recente impetuoso sviluppo, solo che ci siamo accorti che la nostra ingordigia di energia sta anche creando una reazione da parte del pianeta col suo innegabile riscaldamento.

Accortici improvvisamente delle possibili conseguenze, tutti discutiamo su cosa fare per evitarci qualche prossimo castigo.

Scienziati, politici, giovani e vecchi, con la solita, inutile, pericolosa sindrome del "facciamo subito qualcosa" finiamo col rumoreggiare con vuote parole, consumare lauti pranzi e cene per parlane e sicuramente non concludere nulla.

Ho riso a crepapelle nel seguire la COP26 di Glasgow dove i Grandi del pianeta, personaggi siderali, politici importanti e no, scienziati, sherpa dei politici sono convenuti in lunghe giornate con sontuosi pranzi e cene per giungere alle conclusioni che occorre fare subito qualcosa … ma non se ne era già parlato, con analoghe vivande, a Parigi nel 2015? Per non parlare delle numerose precedenti COP di cui tratteremo in un apposito capitolo.

E tutto mentre una marea di giovani in sacco a pelo che mi ricordavano la mia giovinezza del '68, fuori ed al freddo, gridavano alla necessità di una soluzione per loro ed i loro nipoti, impotenti nel fare, ma potenti nelle parole, subito strumentalizzate e ripetute dai Grandi … un bel "dejà vu", per chi qui scrive!

E cosa è successo nel mondo dei decisori: costruire nuove e costose auto elettriche, mettere cappotti alle case, produrre il costosissimo idrogeno, coprire il mondo di celle solari ed enormi pale eoliche e chi più ne ha più ne metta.

Tutte cose da costruirsi di nuovo, da produrre consumando nuova energia, ecc. ecc.

E tutti i "Grandi" poi sono tornati a casa e di nuovo tutti, ma proprio tutti, a dichiararsi bravi nel farsi a gara su chi aumenta il proprio PIL, chi produce di più ed a incentivare i consumi individuali.

E pensare che il vero ed unico problema che abbiamo chiaramente davanti è quello di ridurre i consumi individuali che, guarda caso, sono proprio proporzionali al PIL dei vari Paesi e quindi proporzionali al consumo ed al riscaldamento globale.

Poveri ragazzi in sacco a pelo, siete messi proprio male: ancora una volta i Grandi vi stanno prendendo in giro e vedrete presto sorgere nuove centrali atomiche col consenso generale, investimenti incentivati dalla fiscalità generale facendovi credere che l'energia pulita possa costare di meno mentre il prezzo delle energie di origine fossile da bloccare schizzano in alto tra i sorrisi sornioni e divertiti di chi le produce.

Fatevi una domanda; "Ma come è possibile che da 20 anni si siano investiti nel mondo centinaia di miliardi per le energie rinnovabili e che ora, se il gas aumenta, l'energia che pagate raddoppia?

Dove va tutta quella energia che dichiaravate pulita e gratuita e che per produrla si riempivano le bollette dei poveri utenti di "oneri vari"?

Per valutare dove il mondo è posizionato per quanto riguarda il consumo energetico globale vediamo i dati dell'anno 2019, cioè i nostri consumi pre-Covid, più realistici per il prossimo futuro che non l'anno 2020 riportati nel prossimo capitolo.

Infatti, il virus è stato il primo e solo Grande elemento intervenuto nella nostra storia recente per farci diminuire i consumi nel 2020 e, guarda caso, anche la quantità di CO2 immessa nell'atmosfera ... curioso, non vi pare?

Situazione mondiale energia nel 2019

I dati sull'energia sono tutti in chilowattora (kWh) ed in terawattora (TWh). Un terawattora equivale ad un miliardo di chilowattora. Ricordo che queste sono "energie" non "potenze": le potenze si misurano in chilowatt (kW) ed in terawatt (TW).

La differenza è fondamentale: una centrale eolica o solare installata della potenza di un GW se non tira vento o non c'è il Sole l'energia prodotta in un'ora è zero (TWh=0).

Dire, a puro titolo d'esempio, che il mondo ha installato 10% di potenza atomica che funziona tutto l'anno e 10% di potenza rinnovabile che è variabile ed affermare che dal punto di vista energetico sono equivalenti è una semplice idiozia!

Se va proprio bene, l'energia atomica nell'anno produrrà almeno cinque volte di più dell'energia prodotta dalle rinnovabili a pari potenza installata: occhio!!!

Esiste poi un'altra immane confusione, spesso artatamente riportata nelle vulgate politiche.

L'energia primaria è la totale energia che l'umanità consuma da non confondersi con l'energia elettrica, che è secondaria e rappresenta un settimo della primaria.

Ed inoltre l'energia elettrica oggi nel mondo è prodotta in massima parte dall'energia primaria.

Parlando di numeri, noi consumiamo nel mondo 162.352 TWh di energia totale (primaria) di cui solo 27.005 prodotta da centrali elettriche. La parte maggiore della differenza la consumiamo per riscaldamento e trasporto.

Quando si afferma che dobbiamo trasformare in elettrico il trasporto in realtà spostiamo solo il problema: il consumo oggi con carburanti fossili del trasporto si trasforma in maggior energia elettrica da produrre col fossile da qualche parte!

Chiaro che, come molti dicono, se questo aumento lo soddisfacessimo col solo solare ed eolico il problema sparirebbe. Solo che, come vedremo, non ci stiamo con i numeri, la cosa è semplicemente impossibile in termini di quantità.

La tabella che segue riporta i consumi espressi in terawattora (TWh) nell'anno 2019, precedente all'arrivo del Covid divise per aree.

Il 2019 è l'anno più significativo per i consumi mondiali inquanto l'anno seguente ha visto diminuire, seppur di poco, questi consumi e la cosa, si ripeterà per l'anno 2021.

Le colonne forniscono la distribuzione delle varie fonti che l'umanità ha consumato nel 2019: il petrolio la fa da padrone con ben 53.662 TWh, seguito dal carbone con 43.885 TWh, il gas con 39.323 TWh, l'idroelettrico con i 10.469 TWh, il nucleare con 6.928.00 ed infine le rinnovabili con solo 8.056 TWh. Il solare e l'eolico costituiscono il 40 % delle rinnovabili mentre il restante 60%, è costituito da geotermia, biomassa e rifiuti.

2019: consumo energia primaria nel mondo in terawattora (TWh)

AREA	*TOT*	*Petro*	*Gas*	*Carbo*	*Nucl*	*Idro*	*Rinno*	*% (*)*
MONDO	162.324	53.662	39.323	43.885	6.928	10.469	8.056	
Nord America	32.409	12.448	10.759	3.450	2.368	1.676	1.862	
Sud America	7.954	3.297	1694	411	61	1.771	759	
Europa	23.301	8.451	5.546	3.155	2.302	1.573	2.274	+68
Medio Oriente	10.753	4.948	5.588	111	17	83	33	
Africa	5.532	2.302	1.501	1.243	36	328	114	
Asia	71.602	19.888	8.707	33.977	1.604	4.420	3.005	
US	26.313	10.283	8.473	3.153	2.113	673	1.621	+10
Cina	39.392	7.759	3.075	22.704	865	3.147	1.843	+20
Russia	8.288	1.807	4.548	1.009	509	475	2,78	-88
Sud Corea	1.164	1.473	559	956	361	0,56	81	+87
Giappone	1.770	2.093	1.364	164	164	183	306	+89
India	9.452	2.846	598	5.176	111	389	336	+42
Indonesia	2.390	940	439	948	0	42	108	-90
Iran	3.430	1.090	2.241	14	17	72	0	-57
Australia	1.781	595	537	495	0	36	117	-172
Francia	2.691	876	434	75	990	145	170	+53
Germania	3.653	1.301	887	639	186	50	589	+66
Italia	1.763	692	737	83	0	111	178	+80
Spagna	1.590	756	361	58	145	61	209	+76
Svizzera	314	122	33	0	58	86,2	11	+53
Arabia Saudita	3.508	1.923	1.137	0	0	0	5,6	-162
Egitto	1.084	417	589	22	0	33	17	+14
Sudafrica	1.501	328	42	1.059	36	2,8	33	-5

(*) Percentuale importazione su energia primaria (+ importazione, – Esportazione)

Solo guardando i numeri della tabella si può comprendere la complessità del problema energetico e come sia evidente che se pretendessimo che l'intero mondo non solo distribuisca meglio l'energia tra i vari Paesi, ma che contemporaneamente si aumenti il PIL dei Paesi già ricchi e si moltiplichi quello dei Paesi poveri, che tra l'altro sono la maggioranza, la questione diventa di una complessità siderale.

Un'altra tabella sulla situazione mondiale dell'energia è quella seguente che riguarda il consumo della sola energia elettrica, quella prodotta dalle centrali elettriche, per capirci.

Anche in questo caso da padrone lo fanno le energie fossili: i 27.004 TWh elettrici rappresentano il 17% dell'energia totale, la primaria, che nel mondo consumiamo.

Anche se fossimo in grado di produrre l'intera energia elettrica con le rinnovabili di cui si parla oggi, cosa impossibile per molti anni a venire, qualcuno dovrebbe dirci come non inquinare con il restante 83%.

Energia elettrica consumata nel 2019 in TWh per tipo di fonte

	Primaria	*Energia elettrica*							
AREA	***Tot TWh***	***Tot TWh***	***Petro TWh***	***Gas TWh***	***Carb TWh***	***Nucl TWh***	***Idro TWh***	***Rinn* TWh***	***Altre TWh***
MONDO	**162.352**	**27.005**	**825**	**6.229**	**9.824**	**2.796**	**4.222**	**2.806**	**234**
Nord America	**32.409**	**5.426**	**62**	**1.976**	**1.134**	**964**	**677**	**577**	**36**
Sud America	**7.954**	**1.329**	**86**	**245**	**74**	**25**	**715**	**184**	**0,4**
Europa	**23.301**	**3.993**	**52**	**768**	**699**	**929**	**633**	**837**	**77**
Medio Oriente	**10.753**	**1.265**	**396**	**793**	**23**	**6**	**33**	**13**	**0**
Africa	**5.532**	**870**	**81**	**346**	**254**	**14**	**133**	**45**	**3**
Asia	**71.602**	**12.690**	**140**	**1.483**	**7.376**	**647**	**1.784**	**1.146**	**115**
US	**26.313**	**4.401**	**20**	**1.701**	**1.054**	**852**	**271**	**490**	**14**
Cina	**39.392**	**7.503**	**6**	**237**	**4.854**	**349**	**1.270**	**732**	**57**
Russia	**8.288**	**1.118**	**11,4**	**522**	**178**	**205**	**190**	**1,3**	**4,4**
Sud Corea	**1.164**	**584**	**7**	**151**	**239**	**146**	**3**	**29**	**10**
Giappone	**1.770**	**1.036**	**45**	**362**	**326**	**66**	**74**	**121**	**42**
India	**9.452**	**1.559**	**8**	**71**	**1.137**	**45**	**162**	**135**	**0,2**
Indonesia	**2.390**	**279**	**17**	**52**	**177**	**0**	**17**	**16**	**0,3**
Iran	**3.430**	**319**	**83**	**200**	**0,6**	**6**	**29**	**0,6**	**0**
Australia	**1.781**	**595**	**6**	**54**	**150**	**0**	**14**	**41**	**0,1**
Francia	**2.691**	**555**	**0**	**51**	**78**	**341**	**41**	**36**	**8**
Germania	**3.653**	**612**	**5,1**	**91**	**171**	**75**	**20**	**224**	**26**
Italia	**1.763**	**284**	**10**	**127**	**30**	**0**	**45**	**68**	**4,7**
Spagna	**1.590**	**276**	**13**	**86**	**13**	**58**	**25**	**78**	**2**
Svizzera	**314**	**68**	**0**	**0**	**0**	**15**	**39**	**14**	**0**
Arabia Saudita	**3.508**	**357**	**150**	**206**	**0**	**0**	**0**	**2**	**0**
Egitto	**1.084**	**200**	**28**	**153**	**0**	**0**	**13**	**7**	**0**
Sudafrica	**1.501**	**253**	**1**	**2**	**217**	**14**	**1**	**13**	**7**

***Rinnovabile = eolica, geotermica, solare, biomassa e rifiuti**

Ovviamente i ben pensanti nel mondo, soprattutto quelli della parte ricca, hanno già proposta una bella idea: eliminiamo buona parte del consumo primario dedicato al trasporto e facciamo tutto il trasporto elettrico.

Idea geniale per chi non fa il conto: significherebbe moltiplicare per dieci l'energia elettrica da produrre … e come lo facciamo? Con l'atomico, con le rinnovabili, con l'idroelettrico?

Sia chiaro, questo non significa che le rinnovabili non debbano crescere. Così pure, va bene produrre qualche costosa auto elettrica per i ricchi, ma che questo risolva il problema anche fra 30 anni è semplicemente ingannarci.

La tabella seguente riporta in percentuali gli attuali consumi energetici nel mondo per fonte. Come si può capire sarà ben difficile modificarle in modo sostanziale nel futuro senza modificare profondamente la struttura dei consumi.

Consumi energia primaria 2019

Sorgente	*%*
Petrolio	**33**
Gas	**25**
Carbone	**26**
Nucleare	**4**
Idrico	**7**
Rinnovabili	**5**

Ai consumi attuali occorre poi aggiungere i nuovi consumi derivanti dagli aumentati PIL dei Paesi ricchi che prevedono di raddoppiarli per l'anno 2050.

Se poi prendiamo in considerazione anche la distribuzione mondiale dei consumi energetici individuali la situazione si complica enormemente.

La tabella che segue riporta i consumi pro capite e le disparità sono di un'evidenza mostruosa!

Il consumo energetico individuale di un Paese è l'indice fondamentale per giudicarne il benessere in generale.

Il PIL è proporzionale alla media dei consumi individuali moltiplicato per il numero degli abitanti e l'aumento del PIL è l'obiettivo di tutti governi.

Consumo pro capite energia primaria

Paese	*KWh*
Mondo	21.045
US	79.523
Europa	34.360
Germania	43.729
Italia	29.150
Svizzera	36.557
Cina	27.466
Russia	56.795
Egitto	10.759
Sud Africa	25.632
Africa altre nazioni	1.834

La domanda è: di quanto dovremo permettere che aumenti il consumo di chi è ai minimi o, ciò che è la stessa cosa, di quanto deve aumentare il loro benessere?

Anche solo limitandoci al miliardo di individui che in Africa consumano oggi 1.834 KWh all'anno a raggiungere un terzo del nostro attuale benessere di "ricchi", diciamo 10.000 KWh, i numeri cosa ci dicono? Che il mondo dovrebbe fornire 8,166 TWh in più. Se questa dovesse essere solo elettrica occorrono il doppio delle centrali elettriche oggi operanti in Europa!

Poi ci sono altri due miliardi di persone nel mondo il cui consumo si aggira intorno a quel basso valore: che fare?

I numeri fanno capire quanto l'umanità sia lontana da qualsiasi soluzione ragionevole quando si parla di energia!

Le energie rinnovabili, sicuramente utili e pulite, non possono essere la "la soluzione", magari lo fossero! È questione di numeri.

A conferma, prendiamo la Cina, il Paese con le più grandi installazioni di fotovoltaico ed eolico del mondo. La Cina dichiara per l'anno 2019 una potenza installata di solare pari a 204 GW (Gigawatt), coprendo un territorio di 2.200 kmq.

Con queste installazioni la Cina ha prodotto nell'anno 2019 esattamente 224 TWh (Terawattora), come si evince dalle loro statistiche che dichiarano anche come questo corrisponda al 3,43% sul loro totale elettrico (7.503 TWh) e allo 0,6% su tutta la loro energia consumata (primaria) nel 2019 (39.392 TWh), con previsione di raddoppiarla per il 2030.

Se la Cina dovesse, a puro titolo d'esempio, produrre i suoi attuali 7.327 TWh di energia elettrica con la sola energia solare dovrebbe coprire 71.960 kmq. E se considerassimo l'energia globalmente consumata in Cina, e non la sola elettrica, pari a 39.392 TWh, di quella superficie bisognerebbe coprirne oltre 3 milioni di kmq, pari a metà della superficie dell'Europa.

Questo senza tener conto che una rete elettrica nazionale, per rimanere in equilibrio, non può essere alimentata oltre una certa percentuale con energia variabile, non sopra un 20% (spiego questo punto tecnico nel mio primo libro sull'ENERGIA 1).

Quindi la questione che spesso sento dire che verrà risolta con solare ed eolico, energie senz'altro pulite, gradirei che qualcuno mi spiegasse, calcoli alla mano, come sarà possibile in un mondo cresciuto nell'anno 2050 come i futurologhi prevedono. Non ci riusciremo nemmeno nell'anno 2100 senza qualche imprevedibile innovazione tecnologica!

Il problema vero sarà che comunque le energie di origine fossile un giorno finiranno ed allora se ne vedranno delle belle.

A complemento e per gli esperti in questioni energetiche riporto qui di seguito un'altra analisi che ho realizzato, e con grande fatica, ricorrendo ai dati medi ottenuti considerando le undici più grandi centrali solari del mondo col fine di estenderli all'Europa.

Si ottiene che per trasformare in solare la sola energia elettrica che l'Europa consuma oggi annualmente (3.993 TWh) occorrerebbe coprire di fotovoltaico almeno 28.296 kmq, e per l'energia totale (primaria) consumata annualmente dall'Europa (23.301 TWh) i kmq diventerebbero 165.120, quasi la superficie dell'Italia. E tutto questo senza considerare il consumo per produrle quelle centrali fotovoltaiche.

Se qualcuno pensa che si possa fare a meno dell'energia fossile nel 2050 e contemporaneamente, come previsto da alcuni guru dell'economia, che nel 2050 il PIL del mondo raddoppi e quindi pure il consumo di energia, gradirei veramente capire come farlo senza il carbone, il gas, il petrolio e il nucleare.

Sia chiaro e ripeto, non sto dicendo che usare fotovoltaico ed eolico per produrre un po' di energia sia sbagliato, ma pensare che queste siano la soluzione planetaria, conti alla mano, è semplicemente demenziale.

Seguono i dati della produzione energetica delle undici centrali solari più grandi del mondo e da cui, facendone la media, si ottiene una produzione annua per kmq di terreno occupato pari a 141 GWh. Questo dato può essere utilizzato per valutare in modo realistico qualsiasi progetto di fotovoltaico partendo dai risultati in campo e non da calcoli astrusi.

Sweihan Power Project, UAE: 1,18 GW, 5,2 TWh, kmq 7,8

Kurnool Solar Park, India: 1 GW, 7 TWh, kmq 23

Longyangxia Dam Solar Park, Cina: 0,85 GW, 3,7 TWh, kmq 27

Enel Villanueva Plant, Mexico: 0,83 GW, 2 TWh, kmq 24

Kamuthi Solar Power Station, India: 0,65 GW, 1,6 TWh, kmq 10

Solar Star Projects, US: 0,58 GW, 2 TWh, kmq 32,

Topaz Solar Farm, US: 0,55 GW, 1,7 TWh, kmq 47

Bhadla Solar Park, India: 2,25 GW, 9,5 TWh, kmq 62

Pavagada Solar Park India 2 GW, 9,3 TWh, kmq 53

Benban Solar Park, Egypt 1,65 GW, 3,4 TWh, kmq 37

Tengger Desert Solarpark, Cina: 1,55 GW, 6,2 TWh kmq 43

Verso il disastro: la trappola

Il titolo di questo capitolo potrebbe far presagire che l'autore sia parte di quelli che prediligono i film dei disastri. Nulla di tutto questo, come amante della storia so bene che lo sport preferito dei maghi e dei futurologhi è sempre un futuro completamente nero.

Come tecnico ed amante dei numeri ho ben presente che noi umani siamo passati dai non più dei cento milioni di abitanti sulla Terra nell'anno zero, al miliardo intorno all'anno 1900 ed a quasi otto miliardi ora. Non male per una specie che non fa parte degli insetti!

Nel passato ne abbiamo viste di tutti i colori e, in un modo o nell'altro, abbiamo superato pestilenze, guerre, terremoti, vulcani esplosi e se consultiamo la Bibbia anche, invasioni di cavallette, maremoti, tsunami e carestie terribili. Eppure, siamo qui, grassottelli e dispiaciuti se aumenta il prezzo del pane e del gas.

La storia ci ricorda la "follia millenarista" quando intorno all'anno mille si era sparsa la profezia che l'umanità avrebbe visto la sua fine al girare del millennio e che fa il paio con la profezia Maya, recentemente riscoperta, che prevedeva la fine del mondo per l'anno 2012 … ed invece abbiamo persino superato la crisi economica del 2008 e stiamo prevedendo un

2022 con una Borsa che ha decuplicato i suoi valori azionari di allora e continuerà la sua ascesa … almeno così sperano il miliardo di azionisti

Tranquilli quindi, il pianeta non ha nulla da preoccuparci: fra miliardi di anni la Terra girerà ancora intorno ad un Sole diventato un po' meno luminoso, mentre la giornata durerà qualche ora in più e la Luna si sarà allontanata di qualche decina di migliaia di chilometri riducendo il livello delle attuali maree.

A parte queste modeste variazioni ed un cielo diversamente stellato, i nostri futuri pronipoti di allora, se ci saranno, rotoleranno dal ridere nel leggere le nostre storielle odierne … se avranno conservato qualche nostro DVD o hard disk con i relativi dati … cosa di cui, però, dubito.

Nel breve termine, e per breve intendo la durata della nostra specie, noi troveremo delle soluzioni; la spinta del bisogno è la grande molla che ci farà superare anche questa fase con un po' di CO2 di troppo e sicuramente con soluzioni diverse da quelle che i Grandi propongono senza nemmeno capirne le conseguenze.

Allora perché il titolo del capitolo? Semplice, noi umani, noi tutti, me compreso, siamo degli strani esseri che una volta abituatisi a certe comodità il perderle significa per noi "disastro totale"!

Quello che il nostro pianeta ci sta dicendo e consigliando per ridurre i "fastidi" che la nostra ingordigia di energia inevitabilmente comporteranno è molto semplice, ci dice: "Consumate meno, muovetevi meno, siate più corretti nei vostri comportamenti, e non per me pianeta che non me ne importa un fico secco, ma per voi che presto pagherete per lo scempio che state facendo!"

Ma noi umani abbiamo acquisito delle abitudini che non siamo disposti a cambiare o, meglio, a ridurre drasticamente. E non solo, non esiste potere politico, che per sua natura opera sui tempi di una legislatura e, se è divino, al massimo per due legislature, per cui se chiedesse dei sacrifici, il politico cadrebbe dal suo scanno.

La Natura stessa ci obbligherà a fare le scelte giuste al momento giusto ed improrogabili, qualsiasi cosa decidano di diverso i Grandi, come sempre è avvenuto nel passato storico.

Un esempio recente è la **problematica dell'inquinamento da plastica**, fatto assorto all'onore della stampa negli ultimi anni.

La cosa incredibile è che di quella problematica se ne conosceva l'esistenza dagli anni Sessanta quando il premio Nobel Italiano prof. Giulio Natta brevettò il Moplen, una plastica derivata dal petrolio che poteva competere per robustezza, durata e impiegabilità al posto di metalli, vetro, legno e ceramiche, ma ad un costo dieci volte inferiore.

Se ne trattava nei corsi di chimica applicata studiando le sostanze organiche e si sapeva benissimo che se non riciclata correttamente o bruciata sarebbe durata decenni nell'ambiente.

Ci voleva un'isola creatasi nell'oceano Pacifico con residui in buona parte di plastica e grande come l'Europa per accorgersi che forse abbiamo qualche problemino su come la gestiamo.

E qui comincia la comica: tutti ma proprio tutti, soprattutto i politici, prendono atto che occorra fare subito qualcosa e presto, e si decide la cosa più semplice è quella di tassarne la produzione. Certamente più semplice che fare severe leggi sul riciclarla e soprattutto poi controllarne il rispetto.

Ma guarda caso si scopre che la tassazione comporta qualche problemino sui lavoratori della plastica per cui la si rinvia.

Non solo, si consiglia di produrre alcuni prodotti usa e getta di plastica che oggi deriva dal petrolio in altro modo, magari in legno che non inquina. E come sempre non si fanno i conti: se la plastica che si produce oggi venisse tutta sostituita dal legno accorerebbe abbattere almeno due foreste amazzoniche e forse non basterebbero!

Non solo, mentre noi discutiamo come ridurre la produzione di cucchiai e forchette di plastica, leggo sul notiziario della Tass che in Siberia è stata inaugurata da poco la ZapSib, una gigantesca fabbrica facente parte del gruppo russo Sibur e che produce polietilene, con una capacità di 190 tonnellate all'ora destinata alla Cina ed al terzo mondo.

Pensate: noi ci diamo da fare per produrre qualche chilogrammo di cucchiaini col legno anziché con la plastica e sullo stesso pianeta, da un'altra parte, si inonderà mezzo mondo di nuova plastica! Comico vero?

La semplice verità è che il mondo non può fare a meno della plastica, sostanza estremamente economica, e che l'unica soluzione sarebbe riciclarla bene ... ma chi ha la forza ed i mezzi per imporlo?

E questa non è la sola chicca che ci chiarisce come va il mondo. Con il Covid ed il suo virus, abbiamo raggiunto l'apice dell'idiozia umana: e non mi riferisco tanto alla naturale confusione che ogni epidemia crea nel mondo da sempre.

In fondo è lui, il virus, che ha occupato il nostro pianeta miliardi di anni prima di noi, anzi, ne portiamo ancora i segni nel nostro DNA e quindi dobbiamo trattare questo nonnino con un certo rispetto, anche perché, per quanto lo riguarda, non ha l'intenzione di ucciderci, ma solo quello di sopravvivere a nostro sbaffo.

Per non cadere tra le sue malefiche grinfie sappiamo bene come difenderci e non sto certo a descriverlo qui, dato che il disastro che ci circonda è ben noto.

In sostanza dobbiamo bloccarlo prima che muti e le mutazioni sono totalmente casuali e la cui quantità è determinata dalla statistica, una branchia della matematica.

Di nuovo anche qui occorrerebbe far di conto: se una mutazione avviene statisticamente una volta all'anno su un miliardo di miliardi di virus e questa quantità di virus sono presenti in dieci milioni di persone contagiate e le persone contagiate nel mondo passano a duecento milioni, facendo un semplice conto numerico, avremo venti varianti all'anno di cui almeno una particolarmente pericolosa. Semplice no?!

Ma cosa sta facendo il mondo per fermare le mutazioni? Un enorme confusione che coinvolge la distribuzione dei vaccini, la loro durata e, incredibile, l'enorme circolazione di chiacchiere inutili e fuorvianti anche da parte degli addetti ai lavori.

Quale la soluzione? Semplicissima: tutti chiusi in casa per un anno e, se utile, anche solo a pane e acqua.

Così salveremmo le generazioni future; ma non esiste forza al mondo che possa imporre una cosa del genere, per cui quel virus ce lo terremo per un bel po' di anni e ci barcameneremo alla meglio tra negazionisti, ben pensanti, esperti dell'ultima ora, mentre le varianti ci balleranno intorno.

Per nostra fortuna, grazie ai vaccini, moriremo meno che nelle tre terribili epidemie del quattordicesimo secolo che fece fuori metà della popolazione europea.

Disponiamo poi di computer quantistici che modellano migliaia di volte più velocemente del più veloce computer classico, per cui, col giusto CADD (Computer Aided Drug Design) e la giusta quantità di soldi creeremo nuovi vaccini ogni trimestre. Quindi allegri, in qualche modo ne veniamo fuori, magari con qualche danno che nessuno avrebbe potuto prevedere!

Cerchiamo quindi di essere ottimisti, pare proprio che la fortuna ci aiuti e non certo i nostri decisori eletti e non eletti … le soluzioni arriveranno anche per il riscaldamento globale.

Noi umani ci comportiamo così, e dobbiamo tenerlo in debito conto se, a dispetto di come siamo fatti, desideriamo predisporci con ottimismo verso un futuro migliore.

In altre parole, anche per il clima ed il connesso consumo di energia, come per la plastica ed il virus, le soluzioni possibili possono essere trovate, ma non tutte piaceranno a tutti, ma la soluzione che ci aiuterà non è prevedibile ora, ma arriverà.

L'aumento della temperatura è sicuramente un problema per noi e questo libro non vuole e non può proporre soluzioni, ma può offrire un modesto ed ampio panorama di fatti presenti e storici per valutare quanto la comunicazione ci inonda e diffidare dalle soluzioni apparenti e che possono ritorcersi contro.

Un esempio? L'auto elettrica: enormi investimenti vi sono dedicati per evitare che emetta gas nocivi sostituendo, il suo serbatoio con una batteria agli ioni di litio da mezza tonnellata.

Fate un po' i soliti conti ed immaginatevi un miliardo di auto, magari fra 30 anni, con 500 milioni di tonnellate di batterie che, tra l'altro, devono essere cambiate ogni cinque anni perché perdono col tempo la loro capacità.

Vi assicuro che risolvere il problema da inquinamento della plastica è un giochetto da bambini al confronto della necessità di dismettere mezzo miliardo di tonnellate di batterie piene di metalli pesanti altamente cancerogeni.

Trascuro per il momento il fatto che per alimentarle occorrerebbe comunque quadruplicare il numero delle centrali elettriche esistenti e qualcuno mi dovrebbe dire come farlo.

Qui nasce la questione delle scelte: accettare il disastro di alcuni gradi in più di temperatura del clima con i problemi che comporta o il disastro delle batterie da produrre e poi smaltire?

Questo è solo un piccolo esempio di come l'umanità si trova a dover trattare un argomento planetario, ma con una grande differenza rispetto al passato: disponiamo di scienza e conoscenze come mai prima, abbiamo satelliti che ci monitorano dall'alto, milioni di sensori sparsi su tutta la superficie della Terra, una moltitudine di scienziati preparati come mai nei secoli precedenti e, non ultimo, una conoscenza del passato dettagliata e che aumentiamo di continuo con ricerche geologiche e storiche e che ci consentono confronti con l'odierno.

Con tutta questa immensa miniera di conoscenza le soluzioni arriveranno, magari con qualche errore, che comunque rapidamente correggeremo spinti dal bisogno.

Il contenuto di questo libro vuole offrire al lettore una rapida panoramica di informazioni scientifiche e storiche perché possa orientarsi nel mare magnum delle notizie che circolano, tenendo la barra dritta sul fatto che di tutto occorre almeno capire gli ordini di grandezza in gioco, facendo così i giusti conti di massima.

Invito anche a non schierarsi in base a preconcetti dettati da considerazioni fuorvianti: non siamo di fronte ad una partita di calcio, ma ad un passaggio vitale della nostra breve storia di homo, non sempre sapiens, su questo pianeta.

Clima Vs. Energia

Come ormai abbiamo ben capito è il consumo di energia fossile iniziato con l'era industriale che per la prima volta l'atmosfera viene modificata in modo artificiale e serio.

In grande sintesi, noi umani abbiamo sprigionato nell'atmosfera una grande quantità di gas serra bruciando combustibili fossili, essenzialmente anidride carbonica (CO2) e metano.

La parte del leone, per quanto riguarda il riscaldamento, la fa l'anidride carbonica che in cento anni è passata da 220 ppm (parti per milione agli attuali 420.

Sia chiaro, nel passato remoto la Terra, in ere geologiche lontanissime, ha subito la presenza di CO2 fino a 4.000 ppm, ma mai prima d'ora un cambiamento si è verificato così velocemente.

È quindi la velocità del cambiamento che ci turba, più che il valore assoluto ed il motivo è semplice. Il biota, cioè il complesso della vita che alberga sulla superficie del pianeta, non è in grado di modificare le proprie abitudini e, occorrendo, la propria struttura biologica in tempi dell'ordine di anni come sta accadendo ora all'atmosfera

Se l'atmosfera si riscalda gli alberi che amano il freddo tenderanno a spostarsi verso nord nel nostro emisfero, ma per farlo impiegano molte generazioni.

Anche gli orsi polari, se il ghiaccio dove vivono si scioglie, devono spostarsi verso nord, ma non imparano in poco tempo a farlo e non hanno unità adibite ai loro traslochi come abbiamo noi.

Il risultato è che gli esseri viventi ne soffrono, alcuni cesseranno di esistere, anche se globalmente la vita certamente continuerà.

L'umanità, grazie alla sua intelligenza, ha sicuramente un vantaggio enorme rispetto agli altri esseri viventi nel sopportare un tale cambiamento.

Noi possiamo muoverci velocemente e prendere decisioni utili in poco tempo, comunque nell'ambito di una generazione.

La questione quindi per noi ed i nostri decisori si sposta dalla sopravvivenza pura e semplice, come per alcuni viventi, a quale minor male accettare tra la rinuncia alla comodità dell'economica energia fossile ed i mari rialzati da pochi centimetri o di due o più metri.

Non dobbiamo poi escludere un evento ineluttabile per il futuro: qualsiasi decisione venga presa, comunque le energie fossili finiranno e per il gas ed il petrolio, ai consumi attuali, ne avremo per 50 anni, mentre per il carbone pare che ce ne sia per 150 anni.

Nel lungo termine e per i nostri pro-pronipoti dovremo certamente affidarci all'energia da fusione nucleare con un po' di eolico e solare e forse qualche altra diavoleria tecnologica che verrà inventata nel futuro.

Non dobbiamo quindi disperare per quanto sta accadendo, almeno nel senso se corriamo il rischio di essere cancellati dalla faccia della Terra, solo dobbiamo sapere che se accettiamo il caso pessimo per il riscaldamento dovuto a noi, dovremo prepararci ad evacuare certe isole, allontanare alcune città ed abitazioni vicino a molte spiagge e proteggere molte popolazioni che vivono e lavorano nei delta dei fiumi.

La questione quindi si riduce a scegliere quella che in fisica si chiama il "punto di minimo" o, detto in altro modo il "punto ad energia minima".

A parole quindi tutto si riduce ad un problema di scelta per il minor danno, che mi fa venire i brividi solo a pensare a quei poveretti che devono decidere.

Per fortuna il mio solo problema è quello di descrivere come stanno le cose nel modo più chiaro e semplice possibile e quindi è quello che mi accingo a continuare a fare.

Anticipo subito che da tutto quello che ho letto e che mi sono preso la briga di ascoltare e di far di conto, non esiste la possibilità di fare a meno totalmente dell'energia fossile per almeno i prossimi 30 o 40 anni, ma che la sola possibilità che abbiamo è quella di ridurne gli effetti.

Dico questo perché se saremo 11 miliardi nel 2050, come molti affermano, è impossibile che non vengano alimentati in buona parte da carbone, gas e petrolio ... la questione si riduce a capirne la quantità non il "se", è un fatto pacifico.

Cominciamo col prendere visione di quanto afferma l'ente internazionale preposto a seguire da decenni la questione del riscaldamento. Si tratta del "**Gruppo intergovernativo sul cambiamento climatico**" (in inglese "The Intergovernmental Panel on Climate Change" o "IPCC").

Opera dal 1988 sotto l'egida delle Nazioni Unite ed il cui scopo è quello di monitorare il riscaldamento del nostro pianeta. Vi partecipano 188 Paesi come membri ed oltre 10.000 scienziati che collaborano analizzando migliaia di articolo scientifici sul cambiamento climatico e di cui ne tratteremo nei prossimi capitoli.

Parigi 2015 Vs. Glasgow 2021

Da 26 anni si tengono conferenze mondiali sul clima sotto l'egida dell'ONU denominate COP (Conference of the Parties) iniziate a Kyoto nel 1997. Ad oggi, con quella di Glasgow del novembre 2021, siamo a 26 conferenze. Segue l'elenco partendo dall'ultima:

Prossima: Sharm El-Sheikh, COP 27, Nov 2022

Glasgow, COP 26, Nov 2021 * Madrid, COP 25, Dec 2019

Katowice, COP 24, Dec 2018 * Bonn, COP 23, Nov 2017

Marrakech, COP 22, Nov 2016 * Paris, COP 21, Nov 2015

Lima, COP 20, Dec 2014 * Warsaw, COP 19, Nov 2013

Doha, COP 18, November 2012 * Durban, COP 17, Nov 2011

Cancun, COP 16, Nov 2010 * Copenhagen, COP 15 Dec 2009

Poznan, COP 14, Dec 2008 * Bali, COP 13, Dec 2007

Nairobi, COP 12, Nov 2006 * Montreal, COP 11 Dec 2005

Buenos Aires, COP 10, Dec 2004 * Milan, COP 9, Dec 2003

New Delhi, COP 8, Oct 2002 * Marrakech, COP 7 Oct 2001

Bonn, COP6-2, Jul 2001 * The Hague, COP 6, Nov 2000

Bonn, COP 5, Oct 1999 * Buenos Aires, COP 4, Nov 1998

Kyoto, COP 3, Dec 1997.

Questo capitolo si occupa dell'ultima conferenza svoltasi nel 2021 i cui risultati richiamano gli impegni assunti nel novembre 2015 a Parigi e ben lontani dall'essere stati rispettati.

A Parigi si sono riuniti i rappresentanti di 197 Stati per la COP 21 e in quell'occasione si è deciso di unire le forze per limitare l'aumento della temperatura del pianeta a 1,5 gradi Centigradi entro la fine del secolo.

Da allora un altro ente, il "Climate Action Tracker", monitora gli impegni e le azioni per il clima di 36 paesi per un totale di circa l'80% delle emissioni globali di gas serra.

Contrariamente alle attese le emissioni non si sono fermate ed il pianeta ha raggiunto il 2021 un aumento medio di 1,1 C° dal 1980.

A Parigi i target fissati per le emissioni di CO2 non erano ambiziosi e tali da raggiungere gli obiettivi di riscaldamento concordati in quella sede.

Va osservato che se anche i 36 Paesi sottoscrittori avessero raggiunto gli obiettivi concordati, la temperatura del pianeta prevista andrebbe ben oltre i 2 C° nei prossimi 70 anni e sicuramente continuerebbe a salire nel XXII secolo.

Tutto quello che il difficile accordo di Parigi conseguirebbe con l'impegno dei 36 Paesi potrebbe, al massimo, rallentare di poco l'aumento della temperatura che comunque continuerebbe a crescere per l'aumento delle emissioni di CO2.

Questa è la prospettiva che i partecipanti a Glasgow della COP26 si sono trovati a dover discutere e con grande impaccio dovuto ai modesti risultati ottenuti con la COP21.

In concreto, dai dati presentati appare evidente come si debba fare di più e presto se si vuole limitare il riscaldamento globale agli 1,5 C ° proposti come necessari già a Parigi.

In pratica questo equivale a dover dimezzare le emissioni globali di gas serra entro il 2030 e arrivare a zero emissioni nette entro il 2050, oggetto della discussione.

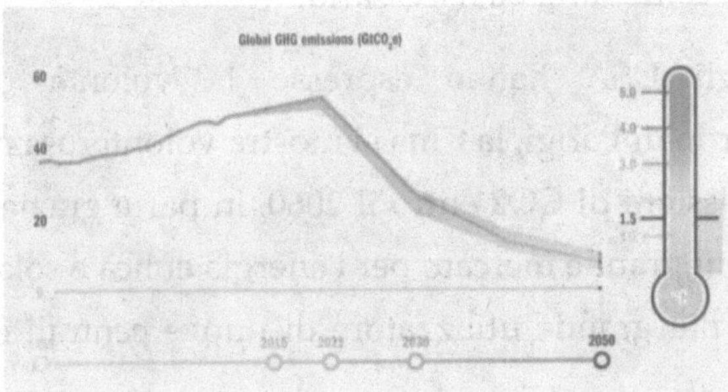

A Glasgow dei 36 Paesi che si erano sottoposti all'accordo di Parigi solo due hanno dimostrato di essere in linea con l'obiettivo di rallentare il riscaldamento globale a 1,5 C° gradi: il Gambia, che si è impegnato a ridurre le emissioni sebbene sia uno dei Paesi in via di sviluppo che contribuisce meno alle emissioni, ed il Marocco che sta implementando sempre più impianti di fotovoltaico. Dalla verifica tutti gli altri 34 Paesi hanno fallito alla grande gli obiettivi concordati.

A Parigi si era previsto che i rappresentanti dei governi nazionali si sarebbero dovuti riunire nel 2020 per confermare i propri obiettivi e concordarne di nuovi ma, il Covid ha spostato l'incontro al 2021.

Premettendo che i vecchi obiettivi appaiono largamente insufficienti, comunque solo India e Kenya sono tra i più virtuosi essendo vicini ai loro obiettivi precedenti.

Ma i Paesi con le economie più avanzate e con la maggiore capacità di innovare e aiutare gli altri pare che si stiano sottraendo alle proprie responsabilità di leader nel ridurre le emissioni, come sarebbe necessario.

Mentre gli USA hanno espresso la volontà di ritirarsi dall'Accordo di Parigi, la Cina si mostra volonterosa nel limitare le sue emissioni di CO2 entro il 2060, in parte grazie al fatto di essere il più grande mercato per l'energia eolica e solare, ma che rimane il più grande utilizzatore di nuove centrali elettriche a carbone.

L'UE sta compiendo passi nella giusta direzione con l'accordo verde per rendere più sostenibili i Paesi membri. Ma questo accordo non è ancora sufficiente per l'obiettivo dei 1,5 C°. Alla COP 26 si è affermato come una misura importante per un Paese sia la volontà di avere solo elettricità pulita entro una certa data, ma non se ne è trattato il "come" con i tanti Stati dell'UE che dipendono quasi totalmente da energie fossili importate.

In quell'occasione a parole si è confermato come la cosiddetta energia pulita debba essere il mantra di ogni Paese per ridurre o eliminare le emissioni ed al momento si è affermato come più di 50 Paesi, 30 regioni, 160 città e 200 imprese si siano impegnati al 100% nell'elettricità pulita.

Sempre alla COP26 si è constatato come Danimarca, Scozia e lo Stato dell'Australia Meridionale sono quasi arrivati al 100% di energia elettrica pulita, ma gran parte del mondo debba ancora impegnarsi e accelerare questa transizione energetica che per molti appare impossibile mantenendo o, peggio, accrescendo i consumi.

Nel rapporto finale della COP26 si conferma che nel settore dei trasporti più di 20 Paesi, cinque regioni, 50 città e 60 imprese si siano impegnati per disporre di auto, moto e autobus al 100% senza emissioni.

La Norvegia ha imposto la fine della vendita delle auto a combustibili fossili entro il 2025. Gli USA consentono alle aziende di produrre auto che percorrono meno miglia con un litro di benzina, riducendo gli standard di efficienza del carburante.

Altri settori come l'acciaio, il cemento, l'aviazione e la navigazione sono ancora molto lontani per le loro intrinseche strutture.

Si afferma che alcune aziende dell'acciaio e del cemento stiano sviluppando produzioni senza emissioni di CO2, Norvegia e Scozia puntino su aerei con voli a corto raggio senza emissioni.

Un auspicio espresso dagli estensori del programma per l'attuale decennio è quello di trasformare i settori chiave dell'economia globale al fine di ridurre le emissioni.

Questi cambiamenti sono difficili da realizzarsi, si è affermato, ma non impossibili, perché porteranno anche enormi opportunità di come creare milioni di posti di lavoro.

Si sottolinea come l'obiettivo fondamentale dei propugnatori di programmi seri per quanto riguarda il clima sia la trasformazione industriale per ottenere aria più pulita e un clima più sicuro e stabile per tutti nel futuro.

Cambiamento climatico secondo l'IPCC

È sui rapporti di questo ente, ("Gruppo intergovernativo sul cambiamento climatico", in inglese "The Intergovernmental Panel on Climate Change" o "IPCC"), che si basano i decisori politici per prendere le loro decisioni, ben sapendo, come visto nei capitoli precedenti, che gli scenari previsti teoricamente sul futuro purtroppo sono soggetti ad amplissime tolleranze che rendono ben difficile prendere decisioni.

Oltre ai documenti per i politici questo organismo pubblica una grande quantità di rapporti le cui informazioni sono essenziali per seguire l'andamento della discussione mondiale su una questione di importanza planetaria ed in particolare fornisce delle previsioni calcolate scientificamente su quanto succederà nel futuro a secondo delle decisioni, prese oggi o da prendersi nel futuro, fornendo gli scenari secondo certe scale di probabilità.

Ho consultato diversi rapporti IPCC e, devo dire, con grande difficoltà nonostante sia abituato a documenti complessi.

In particolare, mi sono studiato l'ultimo rapporto N. 13 sul "Sea Level Change" di 80 pagine e non nego che ho dovuto dedicare alcuni giorni per riportarvi quello che qui segue sinteticamente.

Nel leggere il rapporto mi ha stupito la bibliografia: 570 referenze! Le ho contate una per una; mai vista una cosa del genere in testi scientifici e mi sono chiesto se gli autori ne avessero letto almeno i titoli per fare quel rapporto.

Mi è tornata alla mente la frase di Einstein che ho citato in un capitolo precedente quando negli anni Venti disse che per dimostrare una teoria è sufficiente una firma, se la teoria è vera.

Passato il dubbio della necessità di tante referenze ecco cosa sono riuscito a trarre da quell'incredibile documento che penso sia stato letto dagli autori e pochi altri, prima del sottoscritto

Il rapporto comincia con l'immagine dei fenomeni che influenzerebbero il livello dei mari e che sarebbero: temperatura, salinità, densità e la circolazione oceanica.

Si parte anche dal fatto che il livello del mare vada visto relativamente ad un punto geocentrico perché vari altri effetti intervengono localmente sul fenomeno in studio.

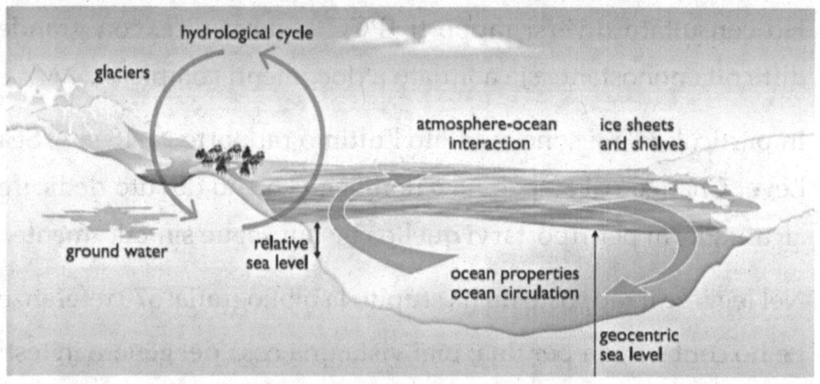

Le prime 30 pagine del rapporto descrivono come nasce il modello per simulare il clima futuro e riporta migliaia di dati che sfido chiunque ad analizzare ad anche a capire.

Seguono numerose ipotesi con tabelle, grafici ed immagini che simulano un'infinità di scenari nelle varie parti del mondo per valutarne gli impatti del livello dei mari con le tolleranze che rendono impossibile prevederne la media tanto sono ampie.

Comunque ci interessano le conclusioni che proiettano all'anno 2100 i vari scenari e che ho subito studiato per capire cosa succederà, ma è praticamente impossibile ricavare in modo chiaro e comprensibile una conclusione che non sia per super esperti.

Positivo che l'Ente abbia sintetizzato con sigle ogni scenario possibile, sigle che comprende 3 lettere ed un numero, ad esempio RCP2.6, dove RCP sta per "Representative Concentretion Pathways" ed il numero, un particolare percorso dei valori nel tempo dei gas serra oltre altri parametri che influenzano il clima e la sua temperatura.

Dal documento appare come quattro siano gli scenari importanti da considerare e che si riducono ai seguenti tre se eliminiamo un parametro intermedio poco significativo:

RCP2.5: scenario più efficace per ridurre la temperatura
RCP4.5: scenario intermedio
RCP8.5: scenario peggiore se non si interviene.

Inutile cercare di sintetizzare in base al documento una conclusione semplice e pratica per chi mi legge, tanto più che dopo aver passato in rassegna la montagna di grafici, una miriade di numeri, almeno cento richiami, sono giunto alla sconfortante conclusione del poderoso documento di cui riporto di seguito la traduzione finale per la gioia dei miei lettori:

"Nonostante questi progressi, permangono significative incertezze, in particolare legate all'entità e alla velocità del contributo della calotta glaciale per il XXI secolo e oltre, alla distribuzione regionale dell'innalzamento del livello del mare e ai cambiamenti regionali nella frequenza e nell'intensità delle tempeste. La pianificazione costiera, l'innalzamento del livello del mare deve essere considerato in un quadro di gestione del rischio, che richiede la conoscenza della frequenza della variabilità del livello del mare (dalla variabilità climatica e dagli eventi estremi) nei climi futuri, cambiamenti previsti nel livello medio del mare e la incertezza delle proiezioni del livello del mare, nonché questioni locali come la compattazione dei sedimenti nelle regioni deltizie e il cambiamento dell'effetto di questi sedimenti per mantenere l'altezza dei delta. Sebbene una migliore comprensione abbia permesso la proiezione di un probabile aumento del livello del mare durante il XXI secolo, non è stato possibile quantificare un intervallo molto probabile o dare un limite superiore al futuro aumento. Il potenziale crollo delle piattaforme di ghiaccio, come osservato nella penisola antartica, potrebbe portare a un aumento più ampio del XXI secolo, fino a diversi decimi di metro.

Il livello del mare continuerà ad aumentare per secoli, anche se le concentrazioni di GHG si stabilizzassero, e la quantità di aumento dipenderà dalle future emissioni di GHG. Per scenari di emissioni più elevate e temperature più calde, si prevede che lo scioglimento superficiale della calotta glaciale della Groenlandia superi l'accumulo, portando al suo decadimento a lungo termine e a un innalzamento del livello del mare di metri, coerente con i dati del livello del mare in era paleologica"

Due giorni di lavoro per leggere una conclusione che dice poco o nulla e che mi ha costretto ad indagare presso altre fonti come inquadrare quei tre parametri che dovrebbero rappresentare gli scenari per il futuro del nostro clima in funzione dei gas serra.

Se non si riducono le emissioni si supereranno i 2 C° entro la fine del secolo. Comunque, IPCC fornisce grafici con diversi scenari che chiariscono meglio di tante parole come si prevede l'andamento della temperatura globale in funzione della presenza essenzialmente di CO2 nell'atmosfera.

Gli scenari offrono due modalità fondamentali rappresentate dalla seguente figura con grafico semplificato che chiarisce come contenere l'aumento della temperatura a 1,5 C° per l'anno 2100.

Il grafico a destra considera che si superi per alcuni anni e temporaneamente quella temperatura prima del 2100, consentendo così una compatibilità con le economie mondiali che non riescono ad abbassare rapidamente le emissioni di CO2.

Il grafico di sinistra ipotizza che tutti gli Stati adottino misure di abbassamento del CO2 in modo che la temperatura resti sempre al di sotto dell'aumento programmato di 1, 5 C°.

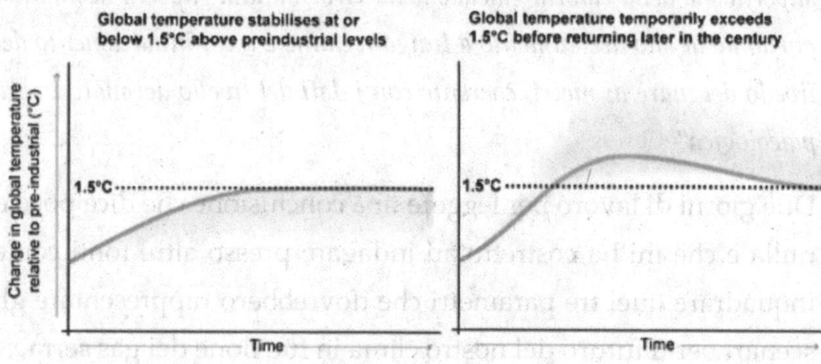

Nel diagramma che segue la linea orizzontale indica il limite da non oltrepassare per rispettare l'obiettivo che molti governi si dovrebbero dare per ridurre le emissioni e così limitare l'aumento del riscaldamento globale ad 1,5 C° per l'anno 2100 partendo dal riscaldamento di 1 C° già raggiunto nel 2017.

L'ampiezza dei grafici corrisponde alle numerose opzioni possibili per raggiungere gli obiettivi a cui corrispondono diversi aumenti alla fine del secolo.

L'obbiettivo ambizioso che alla COPO26 si è discusso sarebbe appunto di rimanere sotto la linea orizzontale menzionata.

Per alcune opzioni del grafico si prevedono, come visto nella figura semplificata precedente, periodi intermedi in cui si supera quel limite per le necessità dovute alle economie dei Paesi.

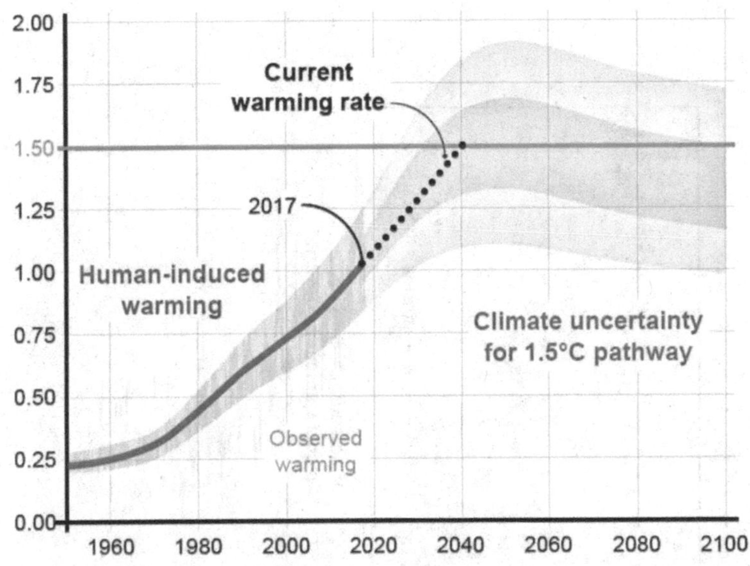

Col prossimo grafico, sempre proposto dalla IPCC per la gioia degli studiosi, si teorizzano delle aree di percorso negli anni in funzione delle ipotesi di contenimento del CO2 dal 2017 al 2100.

Le sei curve del grafico sono rappresentative dei complicatissimi calcoli previsionali corrispondenti a sei diversi comportamenti delle nazioni nell'intervenire sulle emissioni dei gas serra.

La linea tratteggiata corrisponde all'attuale percorso dell'aumento termico del pianeta se non avviene qualche cambiamento.

La terza linea dall'alto rappresenta il caso del raggiungimento dell'obiettivo sperato di 1,5 C° con un'ampia tolleranza di modalità per raggiungerlo descritte in dettaglio nel rapporto ed a cui si rimanda il lettore esperto interessato.

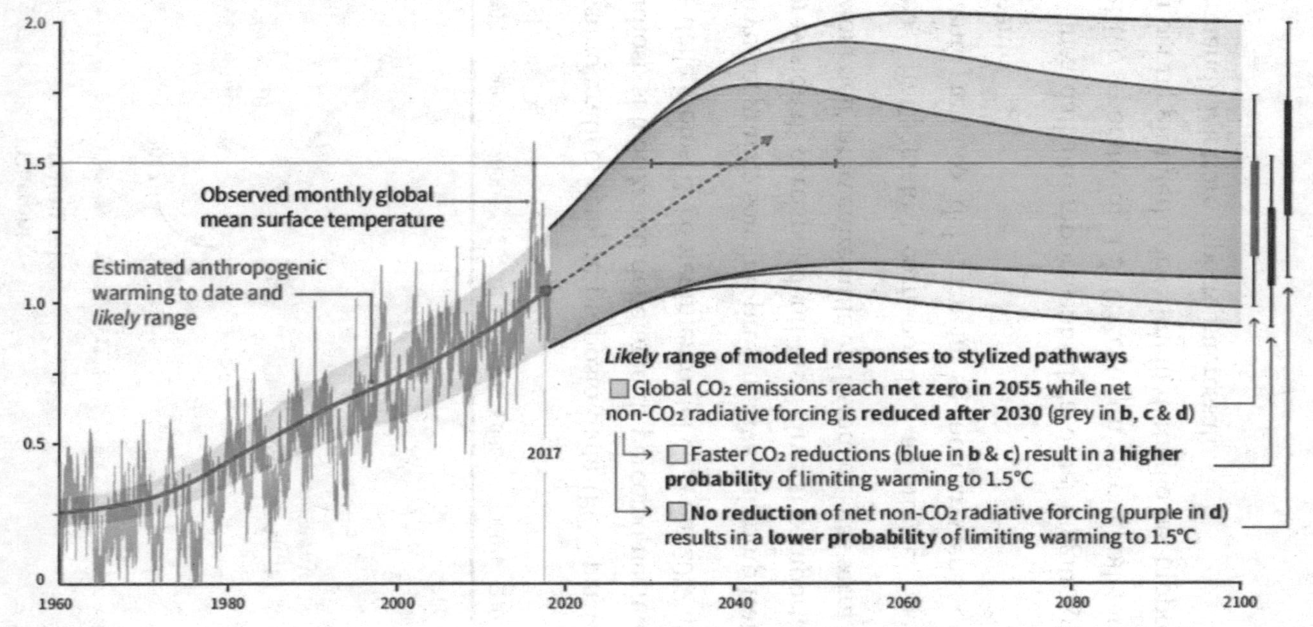
2.0
1.5
1.0
0.5
0
1960
1980
2000
2017
2020
2040
2060
2080
2100
Observed monthly global mean surface temperature
Estimated anthropogenic warming to date and *likely* range
Likely range of modeled responses to stylized pathways
Global CO_2 emissions reach **net zero in 2055** while net non-CO_2 radiative forcing is **reduced after 2030** (grey in **b, c & d**)
Faster CO_2 reductions (blue in **b & c**) result in a **higher probability** of limiting warming to 1.5°C
No reduction of net non-CO_2 radiative forcing (purple in **d**) results in a **lower probability** of limiting warming to 1.5°C

Per confronto è interessante andare a prendere il grafico corrispondente, ma molto più semplice, presentato a Parigi nella COP21.

Il grafico è riportato nella pagina seguente.

Gli estensori a Parigi, nel loro rapporto alle autorità presenti, per illustrare come il cambiamento climatico si evolve a secondo delle decisioni da prendere, sottolineavano come l'area delle due curve fosse molto ampia in funzione delle modalità e tempistiche nell'agire sulle emissioni di CO2.

La curva inferiore indica gli scenari possibili se l'accordo proposto (1 C° di aumento nel 2100 da allora) verrà attuato prontamente.

La curva in alto mostra le inevitabili conseguenze se si proseguisse senza modificare sostanzialmente le emissioni.

In sostanza quel grafico prevedeva che con interventi energici, ma catastrofici per il PIL dei Paesi, nell'uso corrente dell'energia, si sarebbero raggiunti alla fine del secolo incrementi della temperatura dai 3 a 5 C°, cioè, mediamente almeno 4 C°. A questi aumenti potrebbero corrispondere aumenti del livello dei mari anche di alcuni metri.

Adottando prontamente le drastiche misure proposte per contenere le emissioni di CO2 si poteva prevedere di ottenere lo sperato obiettivo di 1,5 C° di aumento della temperatura rispetto al 1958 e con un modesto rialzo dei mari, al di sotto del metro.

Le barre laterali a destra si riferiscono ai 4 scenari RCP menzionati all'inizio del capitolo, cioè la tolleranza della previsione nei quattro scenari presi in considerazione.

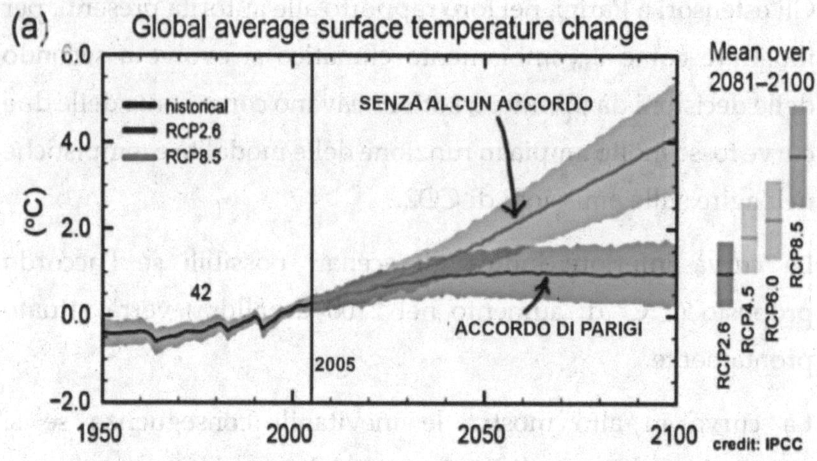

Glasgow COP26: i risultati

Occorre premettere che i decisori partecipanti agli incontri di Glasgow del novembre 2021 disponevano di una grande quantità di nuovi dati e strumenti di simulazione per valutare gli effetti sull'ambiente delle azioni umane proiettai fino all'anno 2100 predisposti dall'IPCC di cui, in parte, ne abbiamo trattato nel capitolo precedente.

In questo capitolo appare il nuovo strumento informatico offerto agli studiosi che utilizza modelli climatici di ultima generazione e che può interessare il lettore anche per la sua semplicità.

Si tratta di programmi innovativi che permettono di prevedere, in funzione di alcuni parametri, l'andamento della temperatura superficiale e le precipitazioni, in funzione del cambiamento di altri parametri come, la temperatura media globale, ecc.

Questi rapporti CMIP6 (Coupled Model Intercomparison Project Phase 6), sono frutto di una collaborazione internazionale che comprende istituti di ricerca, università e laboratori che condividono i risultati ottenuti in un unico data base, il più grande studio sull'atmosfera condiviso a livello mondiale.

Questa messe di dati ha permesso di ottenere risultati anche a livello locale tanto che hanno diviso la superficie terrestre in diversi blocchi su un atlante interattivo che permette di ottenere per ciascun blocco, o area, di ricavare i dati calcolati per quell'area. Segue la videata della home interattiva.

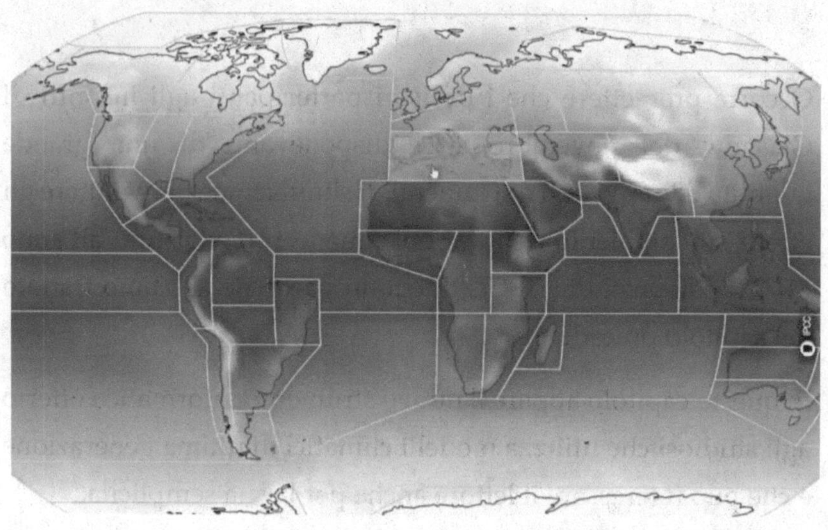

Se, ad esempio, si clicca sul blocco "Medirranean" si ottengono i dati proiettati nel tempo solo di quell'area.

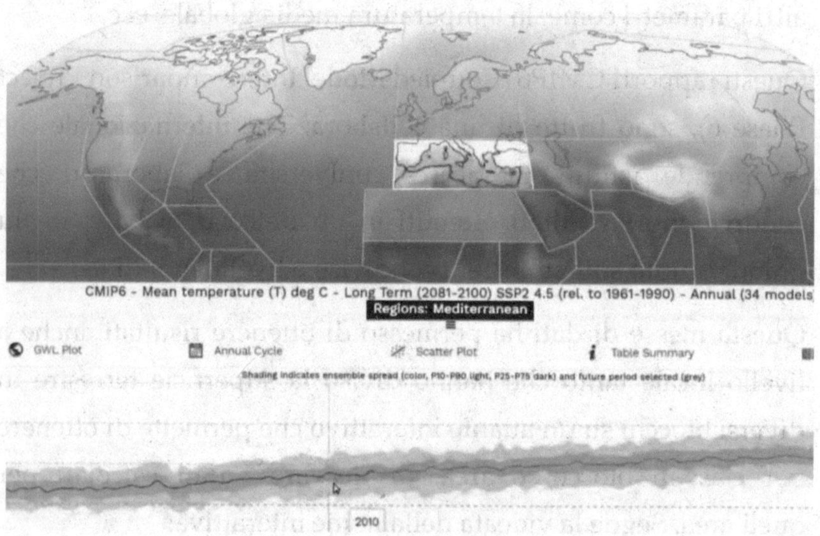

Per ogni area si ottengono i cinque scenari che riassumano la moltitudine di informazioni che competono a quell'area e che permettono di valutarne la rischiosità futura a secondo delle emissioni di CO2.

Negli scenari proposti il grado e mezzo verrebbe sicuramente raggiunto durante questo secolo con emissioni sia medie, sia alte e sia molto alte e, nel caso peggiore, verrebbe raggiunto entro il 2040.

Negli scenari con emissioni basse e molto basse il grado e mezzo verrebbe superato solo temporaneamente per 0,1 grado, per poi tornare a valori inferiori al grado e mezzo entro la fine del secolo.

Negli scenari che prevedono emissioni alte e molto alte e, probabilmente, anche nello scenario intermedio, i due gradi verrebbero superati in questo secolo.

Per quanto riguarda i ghiacci la simulazione prevede che ormai sia irreversibile la loro fusione anche con incremento zero delle emissioni ed il livello dei mari si alzerebbe comunque.

Si prevede che l'aumento medio dei mari fino all'anno 2100 sia tra i 28 ed i 55 cm con emissioni basse e che possa arrivare tra i due ed i cinque metri nel caso di emissioni molto alte.

Col simulatore (Sea Level Projection Tool) si possono estrapolare i dati per l'area dell'Italia e, per esempio, l'aumento del livello del mare a Venezia Santo Stefano nello scenario con modeste emissioni si ottiene un rialzo di 0,41 metri.

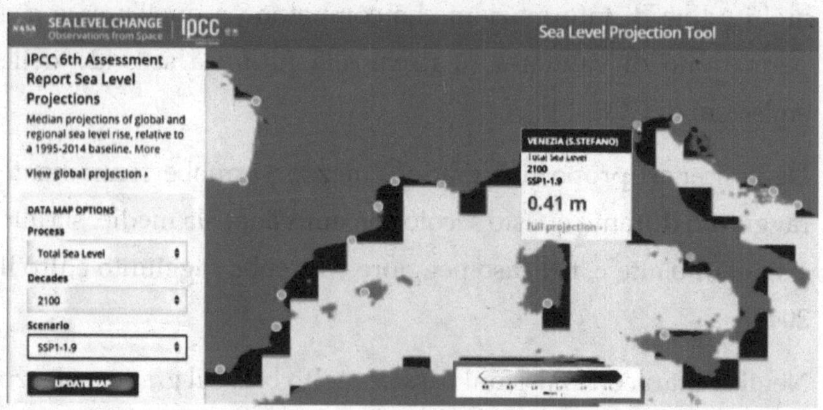

Sempre dal sito si può estrarre anche il grafico dell'andamento nel tempo, sempre per Venezia, che fornisce i dettagli di ogni città, e per Venezia si ricava il seguente grafico da cui, in uno scenario, si stima una risalita media del mare di 0,77 metri per l'anno 2100.

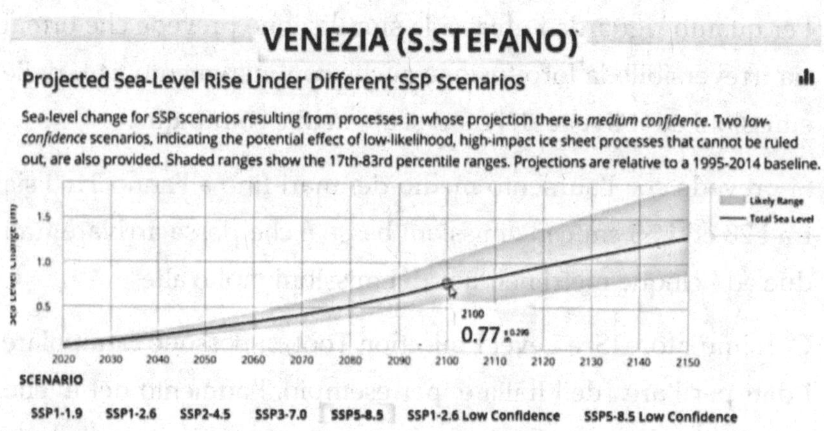

Alla domanda se siamo in tempo per fare qualcosa, il rapporto per la Cop26 fornisce la chiara risposta di come il principale motore del riscaldamento globale sia il CO2 e che lo si debba ridurre drasticamente da subito. Un piccolo contributo all'aumento è causato anche da altri gas serra come il metano, ma il loro contributo è modesto.

È stato poi confermato come dal 1750 ad oggi l'aumento del gas serra è senza dubbio legato all'attività umana avendo raggiunto 410 ppm (parti per milione) nel 2019 per il CO2, 1866 pbm (parti per miliardo) per il metano e 332 pbm per il protossido di azoto.

Per confronto in epoca preindustriale questi valori erano rispettivamente 278, 550 e 280, come si rileva dalle carote di ghiaccio estratte dai ghiacci polari.

Alla COP26 il co-presidente Panomao Zhai ha dichiarato con voce commossa come per stabilizzare il clima siano necessari interventi forti, rapidi e costanti sulle emissioni e che occorra raggiungere emissioni nette pari a zero di CO2 in tempi quasi immediati.

Affermazione che, anche se corretta, per come le nazioni sono strutturate è decisamente impossibile. Nessuno Stato, nessun Governo può bloccare ogni sviluppo industriale ne oggi ne in un prossimo futuro, per cui stiamo a vedere come e quando le modeste decisioni della COP26 saranno attuate, se mai lo saranno.

Risultato finale. Ora che la COP26 si è conclusa, possiamo affermare con certezza quali sono stati i traguardi positivi della Conferenza sul clima e che sono sostanzialmente tre.

PRIMO: Sicuramente il tener vivo l'obiettivo di mantenere la temperatura entro +1,5 °C rispetto ai livelli preindustriali.

Per la prima volta in una Conferenza sul clima sono stati menzionati i combustili fossili come la causa unica del riscaldamento e la necessità di ridurne le emissioni.

SECONDO. L'accordo per dismettere l'utilizzo del carbone e arrestare i sussidi economici e finanziari ai combustibili fossili.

TERZO. Il rafforzamento e l'estensione a tutti gli Stati degli indici NDC (National Determined Contributions) per la rendicontazione degli obiettivi di riduzione delle emissioni, con un nuovo calendario, nuovi metodi di trasparenza e tabelle di rendicontazione più efficaci, in linea con l'obiettivo di mantenere a 1,5 °C l'aumento massimo di temperatura. Gli Stati dovranno presentare i loro piani alla COP27 che si terrà in Egitto nel 2022.

CONCLUSIONE. Molti commentatori sostengono come la COP26 sia solo un mezzo successo.

La COP26 non ha risolto molto, ma ha compiuto un piccolo passo avanti di fronte ad un problema epocale che coinvolge tutti.

Questa volta un ruolo centrale l'hanno compiuto i giovani attivisti che durante i giorni della conferenza, hanno riempito piazze e sfilato per le strade ponendo l'attenzione su problematiche che avranno i maggiori effetti sul loro futuro.

È fuor di dubbio che senza la loro pressione dal basso i poteri politici sarebbero stati molto più inerti nell'assumere decisioni contrarie al loro immediato interesse.

Alla COP26 è stata poi rinnovata la promessa di supportare finanziariamente i Paesi più poveri del mondo con un fondo di 500 miliardi di dollari da versarsi in 5 anni.

Rimangono le difficoltà di mettere d'accordo le 200 nazioni coinvolte. L'India, ad esempio, punta a passare dagli attuali 150 GW di potenza installata solare ed eolica a 500 GW nel 2030. Ma la stessa India ha fatto resistenza sulla dismissione totale del carbone, base del suo attuale fabbisogno energetico. L'India ha così ottenuto l'inserimento di un emendamento a suo favore che ammorbidisce il testo riguardante il carbone

È quindi la riduzione dei combustibili fossili l'elemento fondamentale della COP26.

Va senz'altro menzionato anche il risultato ottenuto di bloccare la deforestazione entro l'anno 2030.

Alla fine della conferenza va citato l'accordo tra Cina e Usa in base al quale Biden e Xi Jinping resteranno in continuo contatto sulla questione del riscaldamento globale e delle emissioni nocive.

Detto tutto questo, va menzionato come il **Climate Action Tracker**, l'organizzazione che monitora gli effetti sul clima, in base agli impegni presi sulla decarbonizzazione pronostica un inevitabile riscaldamento di 2,4 °C a fine secolo.

Altri dettagli sulla COP26 sono l'adesione di nuovi Stati e imprese alla **Powering Past Alliance**, una coalizione di 50 membri, che ha l'obiettivo di abbandonare completamente il carbone nella produzione di elettricità.

L'adesione di cento Stati a un'iniziativa guidata da Usa e Ue per la riduzione del 30% delle emissioni di metano entro il 2030.

L'Unione europea ha promesso la riduzione del 55% dei gas serra per il 2030 che dovrà essere approvata dai singoli Paesi.

Il lettore a questo punto dispone di molti elementi per comprendere a che punto siamo con l'era industriale e che proietta sulla nostra epoca sostanziali cambiamenti climatici.

Ricordiamo che l'era "industriale" fa parte dell'epoca geologica detta "Antropocene" che gli studiosi hanno aggiunto tra le ere geologiche per distinguerla dalle altre in cui l'umanità non influenzava l'ambiente né localmente e tantomeno globalmente.

L'inizio dell'antropocene è abbastanza vago ma, semplificando molto, potremmo farlo risalire a quando l'uomo ha iniziato a coltivare e ad usare gli animali anche per compiere lavori, orientativamente tra i 10.000 e 15.000 anni fa.

Per facilitare una visione completa di nostra madre Terra dal punto di vista del clima, ho inserito nel seguito alcuni capitoli tratti da conferenze di eminenti scienziati che illustrano la storia del nostro pianeta dalla sua nascita, 4,7 miliardi di anni fa, ad oggi. Spero che la loro lettura sia stimolo per ulteriori ricerche e completi la loro conoscenza della nostra complicatissima storia.

Come funziona l'atmosfera terrestre

Dedotto dalla conferenza del prof. Bruno Carli, Accademia dei Lincei

DEFINIZIONI E STRUTTURA

Uno studio approfondito dell'atmosfera terrestre richiede di comprendere cosa s'intenda per "Clima", "Meteorologia" e "Climatologia". Cominciamo con la loro definizione.

Clima: l'insieme delle condizioni meteorologiche esterne (temperatura, vento, piovosità, ecc.) e che, con l'analisi della loro variabilità nel tempo, agiscono su una regione della Terra influenzandone le attività umane e di tutti gli esseri viventi".

Meteorologia: lo studio e la rilevazione dei parametri che determinano le condizioni atmosferiche che influenzano la nostra vita, quella di animali, l'agricoltura, la produttività, la mobilità ed ogni attività che attiene alla superficie terrestre.

Climatologia: studia i modelli delle condizioni meteorologiche storiche per consentirne la previsione nel futuro.

Definiti gli argomenti che caratterizzano lo studio scientifico dell'ambiente in cui viviamo, occorre analizzarne le variazioni dei parametri nel tempo seguendo certe regole per valutarle.

Per periodi comparabili con la vita umana se ne prendono in considerazione le medie di 30 anni.

Ad esempio, possiamo esaminare le medie delle precipitazioni e la loro distribuzione ogni 30 anni e tracciare un diagramma come la figura che segue.

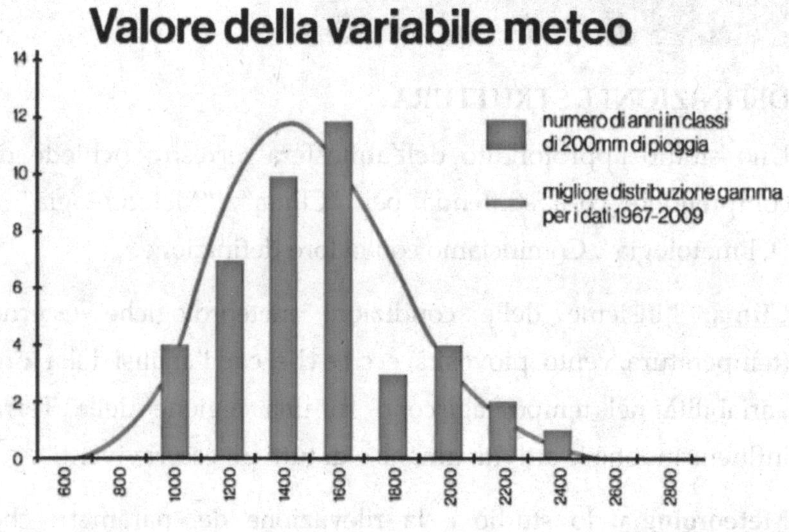

In un'analisi di questo tipo, oltre ai valori medi, risulta fondamentale rilevare gli eventi estremi e soprattutto la loro frequenza.

Sono infatti i fenomeni estremi che determinano la maggior preoccupazione per le nostre attività anche se poco frequenti e quindi nel grafico visto sono indicati nella coda della gaussiana, la curva a campana che appunto fornisce la sequenza degli eventi medi.

Nell'interesse delle autorità pubbliche e di prevenzione i ricercatori devono determinare proprio quei fenomeni che nell'arco di quei 30 anni, anche se rarissimi, possono risultare molto distruttivi come gli allagamenti e quindi prestabilire le misure necessarie per proteggersi.

Di tutti i numerosi parametri che la meteorologia deve tener conto, sicuramente la **temperatura** è la più importante.

È dalla temperatura, infatti, che dipendono i processi biologici sia della fauna e sia della flora, inoltre è la temperatura il motore della circolazione dell'atmosfera ed il suo valore medio ne caratterizza la distribuzione.

La temperatura da tempo, anche nel linguaggio comune, caratterizza il clima tanto che ormai il termine "**riscaldamento globale**" viene utilizzato come sinonimo del più generale "**cambiamento climatico**".

Più scientificamente si dovrebbe utilizzare "cambiamento climatico" per indicare quanto stiamo osservando di recente nell'atmosfera, termine che comprende un maggior numero di fenomeni, fra cui tutti gli eventi estremi e la frequenza con cui si possono verificare.

È l'**atmosfera** l'ambiente nel quale il clima si evolve ed è costituita dal sottile strato gassoso che circonda il nostro pianeta ed il cui spessore è paragonabile a quello della buccia di una mela. L'atmosfera nel suo complesso protegge la Terra rendendo possibile l'esistenza della vita sulla sua superficie.

Questo involucro di gas che riveste il pianeta Terra è trattenuto dalla forza di gravità e partecipa alla sua rotazione con la sua composizione chimica.

È costituita da una struttura complessa ed è suddivisa in cinque strati in base al gradiente termico verticale e sono: **troposfera, stratosfera, mesosfera, termosfera ed esosfera**. La superficie tra due strati è detta "**pausa**".

ATMOSFERA VISTA DALLO SPAZIO

Nell'atmosfera la pressione, e quindi la densità, varia con la quota e si dimezza ogni 5 km. Alla quota di 50 km la pressione si riduce di un fattore 1.000 ed a 100 km di un milione.

La temperatura cambia con la quota e la logica vorrebbe che la temperatura crescesse con la quota. Ma non è così perché il gas, quando si espande, si raffredda come avviene nei frigoriferi.

Tutti i fenomeni atmosferici più importanti avvengono nei primi 10 km, la **troposfera**, e questi fenomeni sono i più rilevanti per il nostro clima.

Nei primi 10 km la temperatura diminuisce fino a raggiungere il limite della troposfera, detta **tropopausa**, dove rimane costante.

Sopra la tropopausa inizia la **stratosfera** dove la temperatura cresce per effetto di una sorgente di energia costituita dall'ozono che assorbe la radiazione solare riscaldando l'atmosfera.

Questo gradiente termico fa si che non ci siano moti convettivi stratificati orrizzontali che danno il nome alla stratosfera.

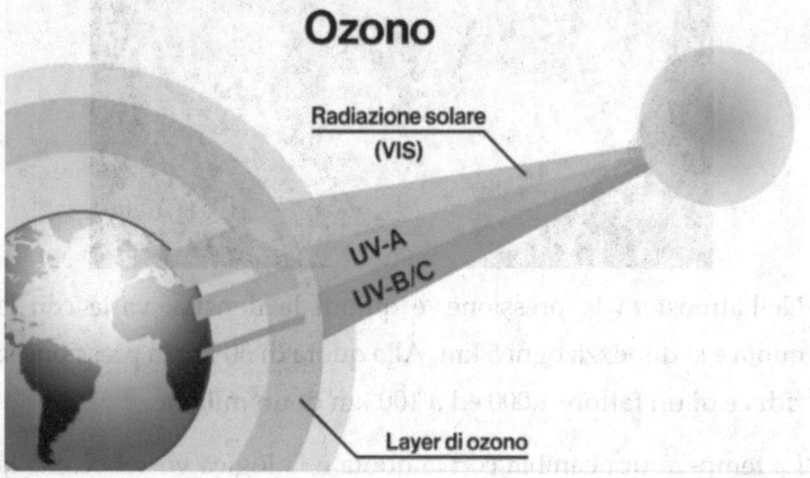

Sopra abbiamo la **mesosfera** e la **termosfera** che non interessano la climatologia.

La composizione dell'atmosfera è costante e, con la quota, cambia solo il vapore acqueo presente a bassa quota e che può raggiungere il 6%. Salendo in quota si trovano le formazioni nuvolose, poi l'ozono che è presente soltanto nella stratosfera.

Nell'aria secca dominano l'azoto col 78% e l'ossigeno col 21%. Il gas nobile Argon rappresenta l'1%.

Convenzionalmente si è deciso che il limite dell'atmosfera, come la consideriamo per il clima e la vita sul pianeta, cada a 100 km di altezza.

Oltre inizia lo strato più esterno dell'atmosfera che si trova a contatto diretto con lo spazio interstellare e che prende il nome di **esosfera** espandendosi ad oltre 2.500 km dalla superficie terrestre.

La figura che segue illustra la struttura dell'atmosfera terrestre indicando le temperature e la pressione alle varie altitudini fino a 100 km.

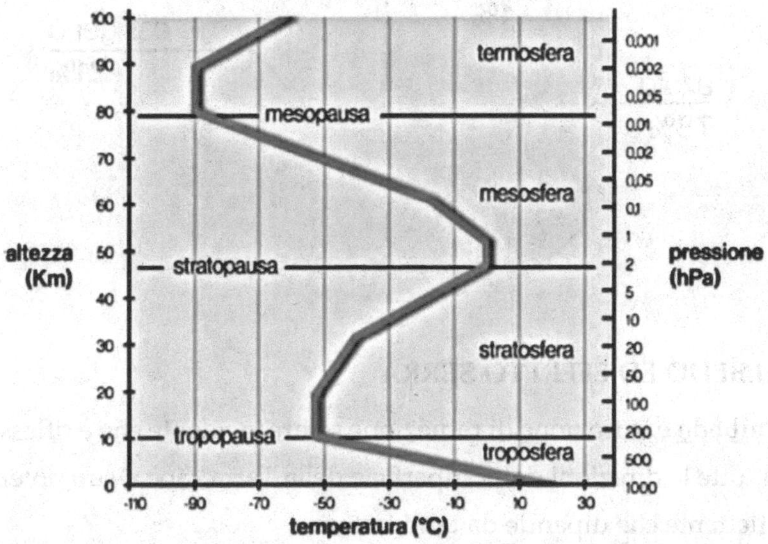

Nell'atmosfere sono presenti anche componenti minori che rappresentano meno dell'uno per mille. Anidride carbonica

(CO_2), attualmente intorno ai 420 ppm (parti per milione), metano 2 ppm, neon ed elio in misura minore.

L'atmosfera contiene anche tracce, misurabili in parti per miliardo, che caratterizzano il comportamento ottico dell'atmosfera e che, anche se in quantità piccolissime, rappresentano un fenomeno importante.

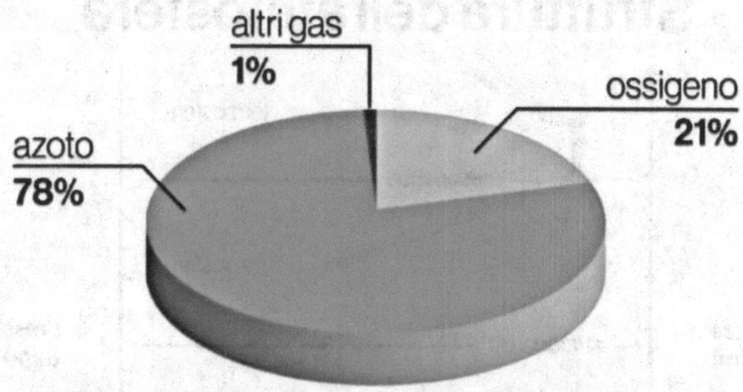

ALBEDO ED EFFETTO SERRA

L'**albedo** è la frazione di radiazione solare incidente che è riflessa in tutte le direzioni dalla superficie della Terra, cioè il suo potere riflettente che dipende da tanti fattori.

L'albedo massima è 1, quando tutta la luce incidente viene riflessa. L'albedo minima è 0, quando nessuna frazione della luce viene riflessa.

Per la luce visibile, il primo caso è quello di un oggetto perfettamente bianco, l'altro di un oggetto perfettamente nero.

Consideriamo ora quali sono i meccanismi che fanno cambiare la temperatura del pianeta.

Il principale è la **radiazione solare** che invia sulla Terra ogni ora un'energia dell'ordine di grandezza dell'energia che l'umanità consuma in un anno.

Oltre al Sole esistono altre sorgenti di energia come le geotermiche ed il consumo dei combustibili fossili da parte nostra, quest'ultime molto piccole rispetto all'energia che ci arriva dal Sole, ma i cui effetti sono sensibili.

L'energia solare viene in parte riflessa dalle nuvole e dalla superficie **terrestre** ed è questo riflesso che rende il pianeta luminoso visto dallo spazio.

Questa luminosità è appunto detta **ALBEDO**, bianchezza in latino **o** **Alba**.

L'Albedo è prossima al valore di 1 se riflesso dalla neve, 0,9 se riflesso dalle nuvole e, per la parte rimanente dell'atmosfera, può variare tra 0,5 e 0,8.

L'Albedo è prossima a zero per oggetti scuri mentre sull'oceano varia tra 0,1 e 0,05 ed anche i boschi risultano particolarmente scuri ed hanno un'albedo intorno a 0,08. **la media sull'intero pianeta dell'albedo è di 0,3.**

ALBEDO: ENERGIA SOLARE RIFLESSA DAL PIANETA

Ci sono fenomeni che possono cambiare l'albedo e che modificano l'energia che il pianeta assorbe e che hanno l'effetto di riscaldare il pianeta: ad esempio se la copertura in ghiaccio della banchisa polare si riduce ed espone l'oceano, cambia la riflessione diminuendola e quindi diminuendo l'albedo e aumentando la temperatura dell'atmosfera.

I disboscamenti diminuiscono l'albedo riducendo l'energia uscente dal pianeta che si accumula nell'atmosfera riscaldandolo.

Il meccanismo per cui la Terra si raffredda è molto complesso da descrivere ed avviene attraverso un fenomeno di cui non abbiamo esperienza diretta.

Dalla fisica sappiamo che tutti i corpi, indipendentemente dalla loro temperatura, perdono energia attraverso l'irraggiamento nello spazio circostante. Un corpo caldo perde più energia di un corpo freddo e possiamo rilevare questo irraggiamento dei corpi distinguendo un corpo più caldo da uno più freddo.

Ne discende che anche oggetti a temperatura ambiente come la Terra si raffredda perdendo energia verso l'esterno.

Questo si può verificare sperimentalmente con una fotocamera a raggi infrarossi che riprende un oggetto nell'ambiente: la fotocamera ci permette di distinguere le zone calde e quelle fredde di un oggetto attraverso la diversa quantità di radiazione che l'oggetto irradia verso la fotocamera stessa.

Il pianeta Terra si raffredda emettendo energia dalla sua superfice verso lo spazio interstellare però ci sono dei gas nell'atmosfera che, seppure a bassa concentrazione, sono in grado di rendere l'atmosfera opaca e questa opacità intercetta l'emissione che dalla superficie intende andare verso lo spazio.

Non è solo la superficie della Terra che riflette e quindi emette energia verso lo spazio, ma anche l'atmosfera. Si ha così un processo doppio dove, per esempio, le nuvole trattengono energia proveniente dalla superficie e la parte la riflette verso lo spazio esterno. Si crea quindi un doppio effetto di cui tenere conto nel bilanciamento energetico dell'albedo.

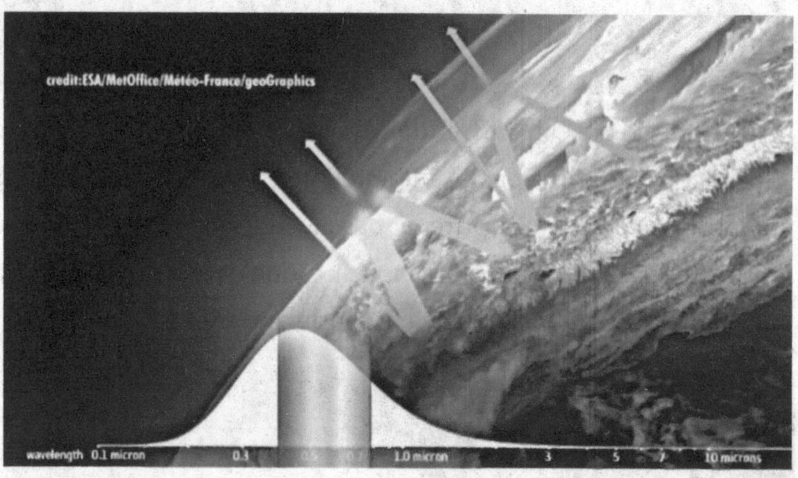

L'energia entrante sulla Terra crea una situazione per cui salendo in quota troviamo zone a temperature più basse. L'emissione da un corpo più freddo è inferiore di quella che avrebbe avuto dalla superficie e di cui occorre tener conto.

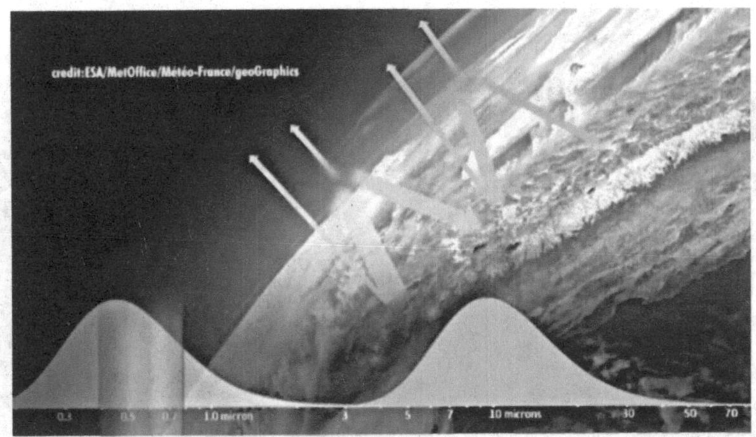

L'effetto serra dipende da questo complesso fenomeno. Per renderlo comprensibile dobbiamo interpretarlo come l'effetto di una coperta creata dall' opacità dell'atmosfera che impedendo a tutta l'energia della superficie di irradiarsi verso lo spazio e quindi viene trattenuta nell'atmosfera riscaldando il pianeta.

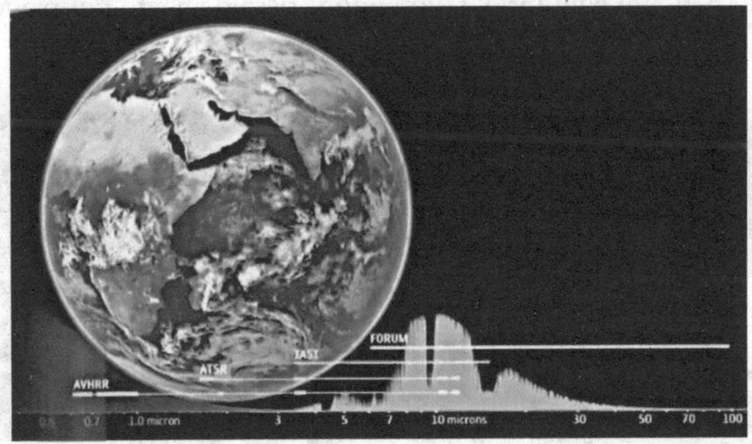

Immaginiamo pertanto un'immensa coperta formata da tutto ciò che nell'atmosfera può trattenere le radiazioni, come i gas serra, che avvolgendo l'intero pianeta creano proprio quell'effetto serra da cui quei gas prendono il nome.

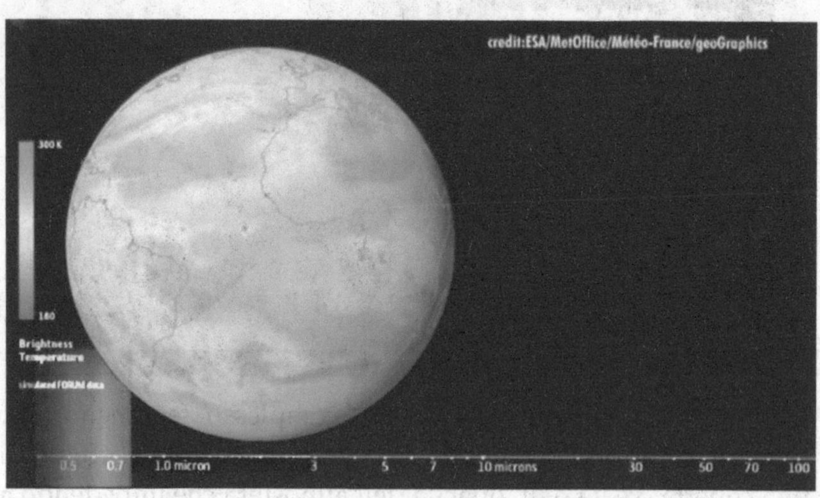

In sostanza, se aumentiamo la densità della coperta, cioè aggiungiamo gas serra, il pianeta perde meno calore rispetto al suo naturale equilibrio, favorendo il riscaldamento del pianeta come si sta verificando con le azioni della civiltà industriale.

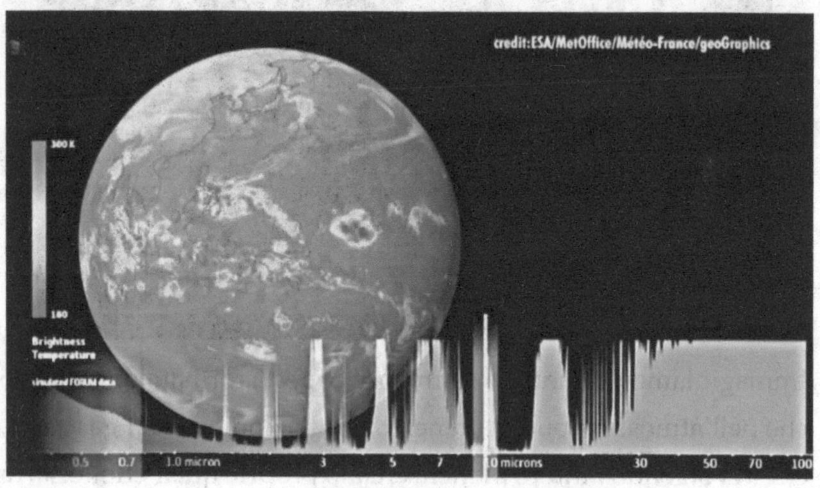

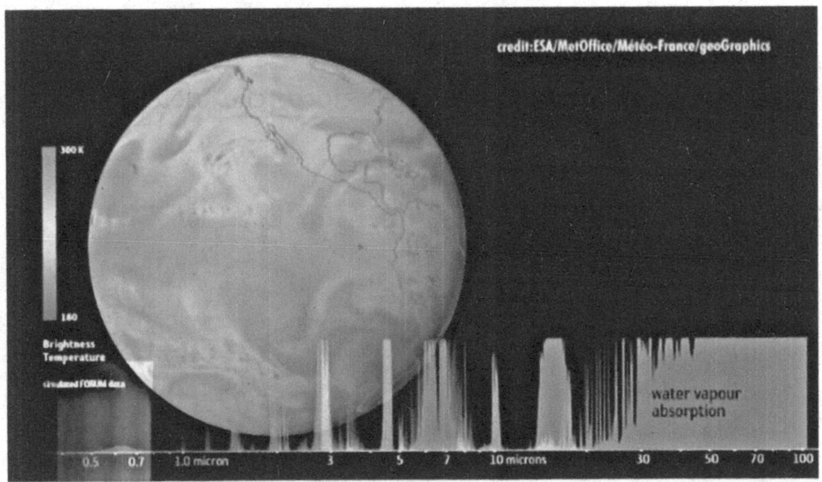

Il diagramma che segue riassume graficamente i processi in base ai quali la Terra si riscalda e si raffredda. Si vedono i flussi di energia che si scambiano all'interno del pianeta tra superficie ed atmosfera e fra questi e lo spazio esterno.

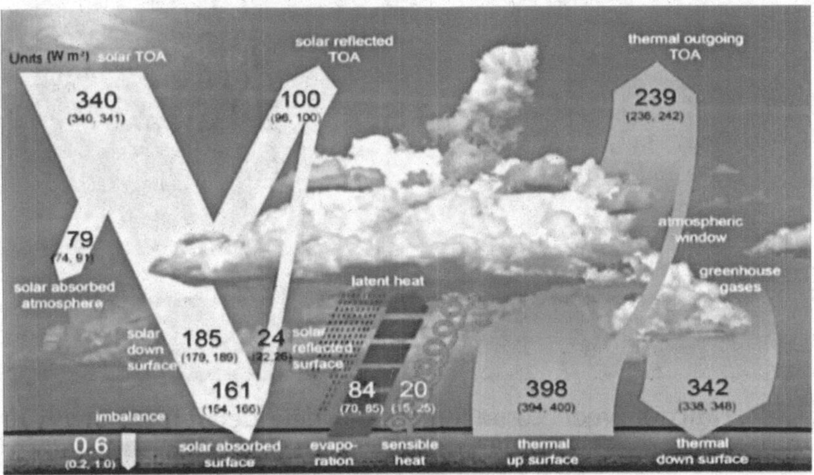

Da questo diagramma, molto complesso, possiamo estrarre la parte che ci interessa e che è più importante per le nostre considerazioni sulle energie in gioco che determinano la temperatura dell'atmosfera.

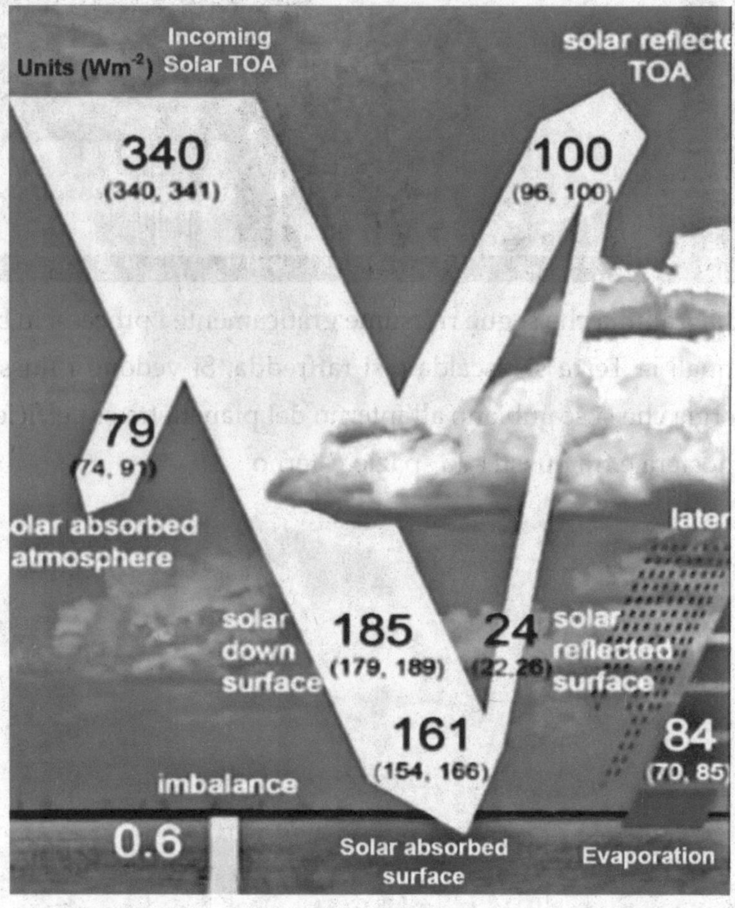

Dal grafico si vede come sulla superficie della Terra arrivi un flusso di energia pari a 340 Watt/ora per metro quadro; il 30% di questo è riflesso dall'Albedo e quindi soltanto il residuo 240 Watt è l'energia realmente entrante sulla Terra.

Dall'altra parte abbiamo un raffreddamento della superficie che con il suo calore emette circa 400 W/h per metro quadro, dove buona parte di questa radiazione viene intercettatala dall'effetto serra col suo meccanismo di isolamento. Alla fine, soltanto 239 W/h si irradia verso l'esterno e praticamente la stessa energia che è entrata esce verso l'esterno.

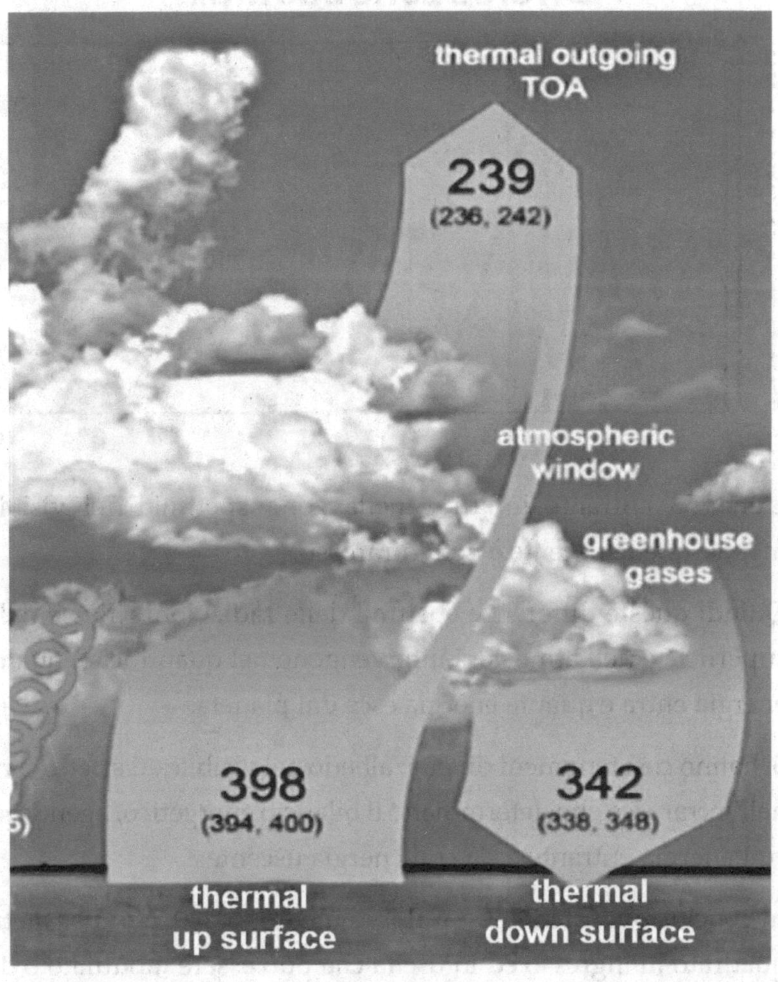

Occorre rilevare un aspetto importante di questi scambi energetici che consiste nel fatto che avvengono in zone spettrali diverse e questo significa che il comportamento energetico non è uniforme a pari energia trasportata.

Diverse zone spettrali

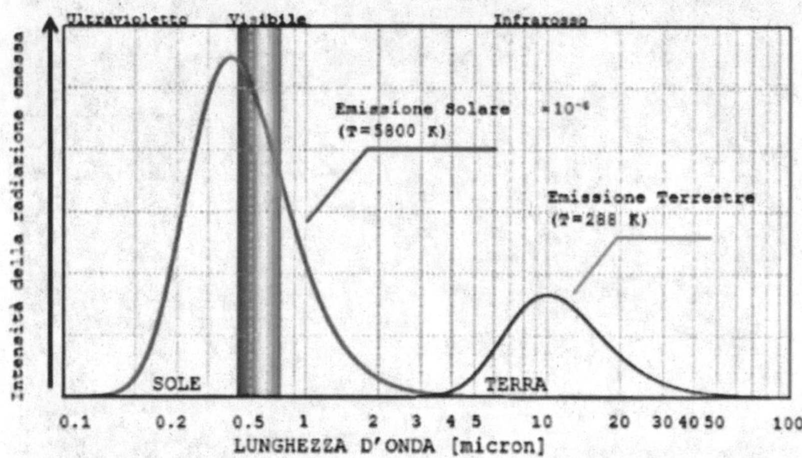

L'energia entrante infatti è nella zona spettrale del visibile mentre quella uscente è nell'infrarosso.

Quindi queste differenze spettrali delle radiazioni riflesse dalla superficie e dell'atmosfera intervengono nel quantificare quanta energia entra e quanta energia esce dal pianeta.

Si hanno così fenomeni diversi: albedo nel visibile ed effetto serra nell'infrarosso che determinano il bilancio energetico, agendo sia sull'energia entrante e sia sull'energia uscente.

In conclusione, abbiamo un flusso medio di 240 W/h per metro quadrato in ingresso ed in uscita che può essere modulato o dal variare dell'albedo o dall'effetto serra.

Qualsiasi variazione o del flusso entrante o del flusso uscente diventa una **forzante** che sposta il punto di equilibrio della temperatura della superfice terrestre.

Fondamentale è calcolare quali sono le diverse forzanti poiché tutti i cambiamenti avvenuti per l'effetto serra o per l'albedo intervengono nel modificare la temperatura media del nostro pianeta ed occorre tenerne il debito conto.

Il caso delle forzanti è riassunto nel diagramma seguente, la cui complessità è evidente.

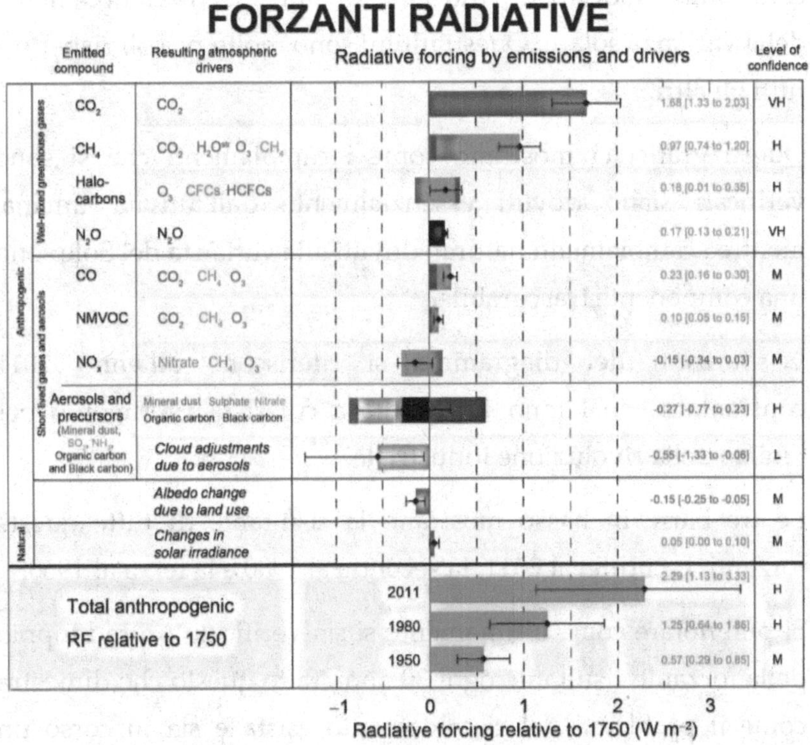

Per il nostro studio è sufficiente concentrarci nella parte centrale del diagramma dove si vedono le barre che quantificano la forzante prodotta dai diversi meccanismi.

Partendo dall'alto le prime sei barre rappresentano quantitativamente gli effetti dei diversi gas da cui dipende l'effetto serra.

Abbiamo tre forzanti con un contributo che può essere positivo o negativo dovuti al cambiamento dell'albedo ed infine un contributo modesto dovuto alla forzante per il cambiamento della varianza solare. Questi ultimi sono molto piccoli rispetto a tutti gli altri.

Questi grafici ci mostrano come i cambiamenti che si sono verificati siano dovuti essenzialmente dall'attività umana, mentre i cambiamenti naturali dovuti alla varianza del Sole sono una componente trascurabile.

Le forzanti del diagramma si riferiscono all'anno 2011 confrontato con l'anno 1750, data a cui si fa riferimento per l'inizio della rivoluzione industriale.

Le tre barre in basso mostrano la risultante di tutte queste forzanti. La prima al 2011, la seconda al 1980 e la terza al 1960.

Si può notare come ultimamente si sia verificato un raddoppio della forzante risultante ogni 30 anni, fatto questo che dimostra come il problema del riscaldamento esista e sia in corso un aumento esponenziale dei cambiamenti climatici.

I meccanismi che cambiano il clima sono le variazioni dell'albedo ed i cambiamenti dell'effetto serra.

I calcoli ci dicono che i cambiamenti avvenuti negli ultimi anni stanno aumentando in modo esponenziale portando il pianeta verso un crescente cambiamento climatico.

Vediamo ora i cambiamenti climatici osservati nel nostro pianeta negli ultimi 50 anni. Il principale cambiamento che è avvenuto è l'aumento della concentrazione dell'anidride carbonica.

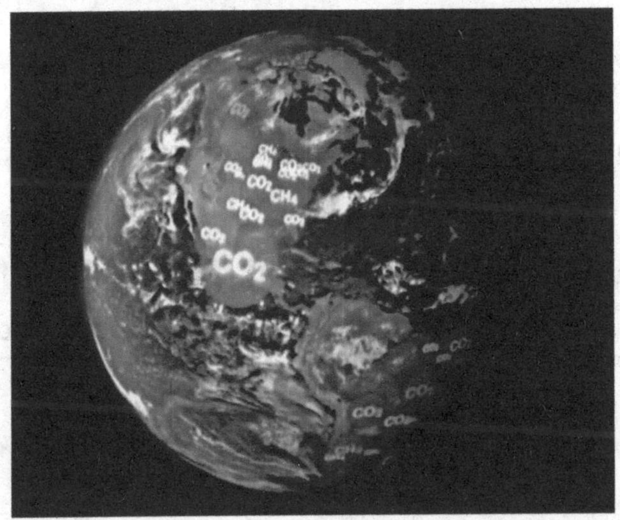

Le misure sistematiche della presenza di questo composto sono state effettuate dall'osservatorio di Mauna Loa nelle Hawaii a partire dal 1958 quando la concentrazione dell'anidride carbonica era di solo 315 ppm (parti per milione).

Va osservato come l'andamento della CO2 misurato a Mauna Loa è praticamente identico all'andamento globale sul pianeta in quanto l'anidride carbonica si mescola bene nell'atmosfera. L'andamento globale è confermato da centinaia di altri siti dove si misura la CO2 ed è anche consistente con misure indipendenti da satellite.

Nel frattempo, è stato osservato un continuo aumento, anche se oscillante, con una periodicità annuale.

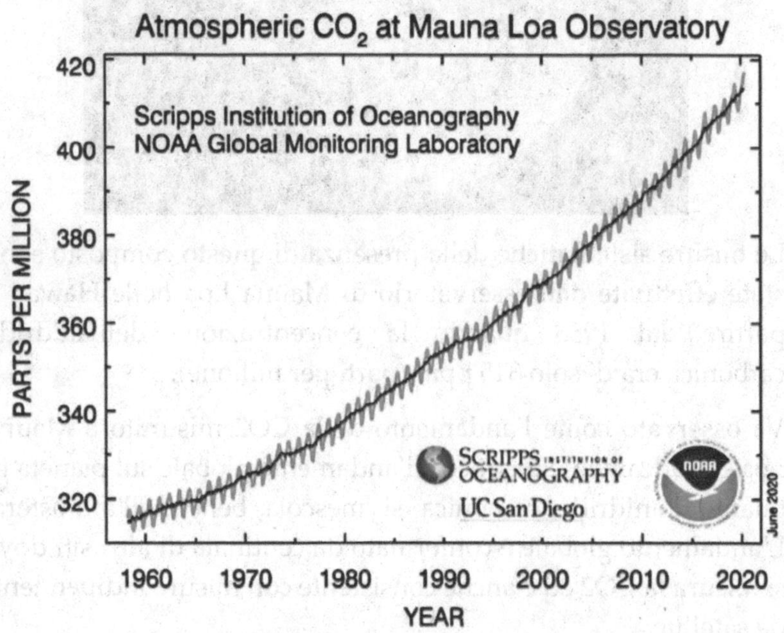

L'aumento di CO2 è dovuto ai meccanismi di emissione e di assorbimento di anidride carbonica e negli anni si è osservato un accumulo di questo composto fino a raggiungere nell'anno 2020 il livello di 411 ppm. Quindi un aumento significativo rispetto ai 315 osservati nel 1958.

Il CO2 non è l'unico composto da gas serra la cui concentrazione sta aumentando, ma anche il metano, l'ossido di azoto ed il tetrafluoruro di carburo partecipano a questo aumento.

Nell'atmosfera stanno aumentando oltre a CO2, anche metano, ossido di azoto e tetrafuoruri di carburo

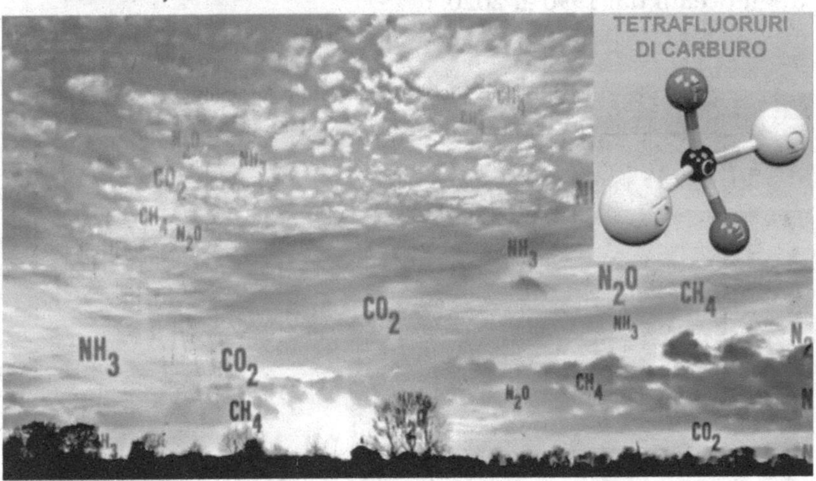

Di questi ultimi va distinta la concentrazione di quelli che erano i fluoruri dei carburi, oggetto della proibizione a seguito degli accordi per prevenire la distruzione dello strato di ozono. Questi ultimi negli anni recenti mostrano una leggera diminuzione della concentrazione iniziale, rispetto a quelli che sono i prodotti sostitutivi che invece stanno aumentando nell'atmosfera.

Va notato come anche quei prodotti che non sono più immessi nell'atmosfera non sono scomparsi, ma sono ancora presenti, anche se in diminuzione, ma purtroppo molto lentamente. Questo è la dimostrazione della lunga permanenza che le emissioni umane hanno nell'atmosfera e dei lunghi tempi necessari per ritornare allo stato iniziale.

Il cambiamento della concentrazione ha come conseguenza l'aumento della temperatura della superficie terrestre ed il grafico che segue mostra le misure della temperatura media della superficie comprendendo sia le terre emerse e sia la superficie degli oceani dal 1990 al 2020.

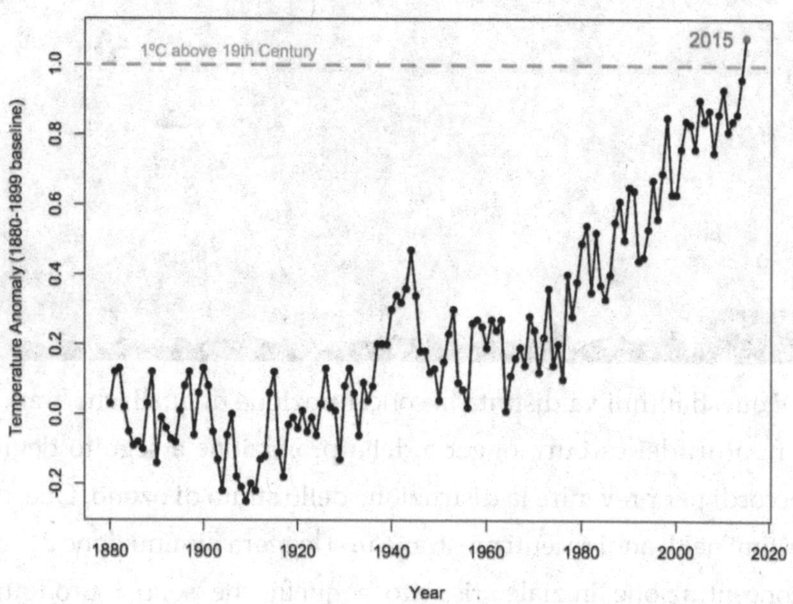

Si osserva come la temperatura sia aumentata lentamente all'inizio del secolo scorso fino a metà del secolo, ma dal 1970 ad oggi è aumentata significativamente raggiungendo l'aumento di un grado alla velocità che non è mai stata osservata prima.

L'aumento di temperatura non è omogeneo su tutta la superfice terrestre, vi sono delle zone che si riscaldano più di altre e in particolare si sta riscaldando maggiormente la terra emersa rispetto alla superficie degli oceani per effetto della grande inerzia termica delle masse oceaniche che rendono piccolo l'innalzamento della temperatura anche per la grande quantità di calore assorbito.

Il ritardo che attualmente ha il mare nel riscaldamento è la dimostrazione che siamo in presenza di un fenomeno dinamico di riscaldamento e che questo riscaldamento è destinato ad aumentare anche se non si aggiungessero nuove cause.

L'aumento della temperatura ha come primo effetto quello della fusione dei ghiacci e questo è l'unico fenomeno di cui possiamo essere direttamente testimoni senza dover ricorrere a strumenti scientifici di misurazione.

È infatti sufficiente ricordare quale era l'estensione dei ghiacciai in passato, confrontarla con le osservazioni fatte oggi nello stesso periodo dell'anno, per accorgersi di quanto sia grande la massa di ghiaccio che si è sciolta in questi ultimi anni.

Anche i ghiacci di tipo alpino si sono sciolti in questi ultimi anni in tutto il mondo portando un'enorme quantità d'acqua negli oceani a cui si sono aggiunti i grandi depositi di ghiaccio della Groenlandia e dell'Antartide.

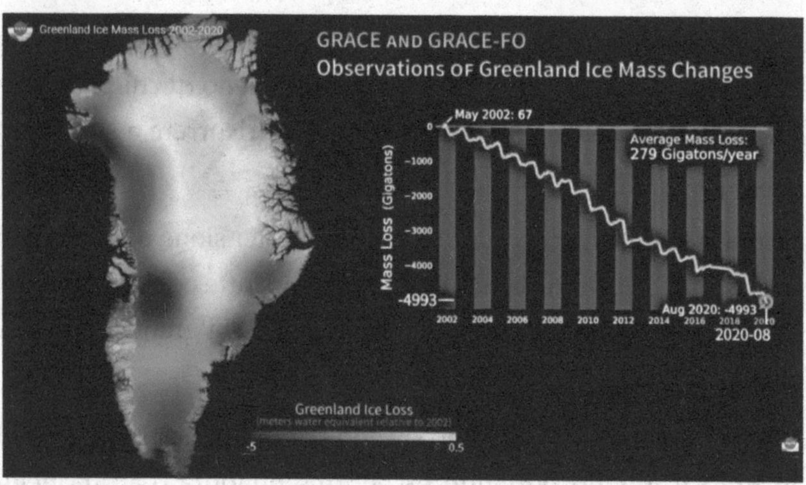

Da notare che Groenlandia ed Antartide costituiscono per volume di ghiaccio perso il volume di tutti i ghiacciai di tipo alpino.

Questo grande volume di acqua liberato dalla fusione di questi ghiacci finisce negli oceani causando un innalzamento dei mari.

L'innalzamento partendo dal 1900 è di 20 cm, misura piccola rispetto alla variazione naturale del mare dovuta alle maree e alle onde, ma è un fenomeno preoccupante per la velocità con cui sta crescendo ora il livello del mare ed è motivo di preoccupazione per le conseguenze future.

Conseguenze osservate

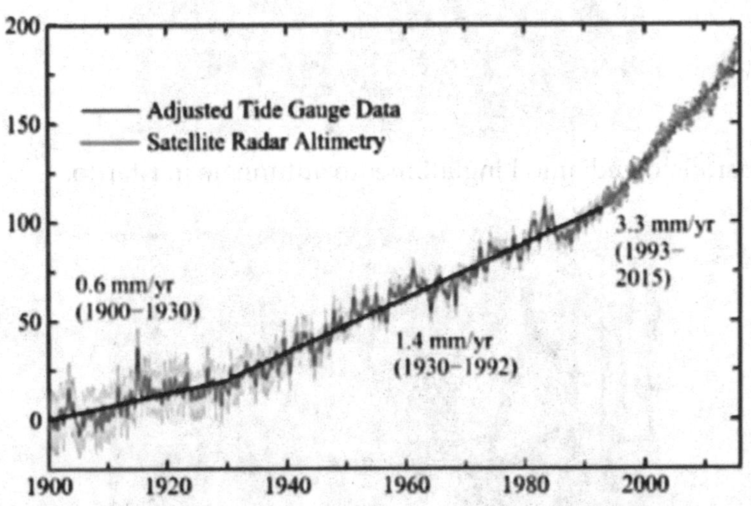

Figura di J.E. Hansen

Spesso si sente dire che la fioritura primaverile nel giardino sta anticipando i tempi, l'ingiallimento autunnale avviene più tardi e che potrebbero sembrare osservazioni locali e soggettive. Sappiamo invece, da osservazioni satellitari che vedono dallo spazio come il cambiamento della colorazione della vegetazione su scala globale stia effettivamente avvenendo.

Possiamo così constatare come la fioritura avvenga qualche giorno prima ad ogni decennio.

In parallelo vediamo l'ingiallimento autunnale in ritardo.

Il cambiamento climatico colpisce molti animali e si osserva come alcuni di questi stiano cambiando i tempi delle loro migrazioni ed in alcuni casi hanno perso l'abitudine ad emigrare.

Clima della Terra dal suo inizio

Dedotto dalla conferenza della prof.ssa Elisabetta Erba, Università di Milano e Accademia dei Lincei.

Nel capitolo precedente abbiamo visto come il clima negli ultimi anni, o meglio, dall'avvento delle attività industriali, stia cambiando per l'intervento dell'umanità e dal suo utilizzo di energie fossili.

Per poter valutare cosa stia accadendo alla biosfera dobbiamo andare indietro nel tempo biologico di vari milioni di anni per scoprire cosa sia già successo sul nostro pianeta in tempi di forti perturbazioni ambientali e quindi comprendere le reazioni della biosfera e così essere consci di quello che potrebbe accadere nell'imminente futuro.

Al fine di studiare i climi del passato abbiamo a disposizione diversi tipi di archivi e da questi ricostruire le variazioni del clima e della chimica dell'atmosfera, mentre per i tempi più recenti si può disporre di dati strumentali.

Per periodi storici possiamo sfruttare i documenti che ci vengono dalla storia, per molti millenni indietro nella scala geologica possiamo utilizzare sedimenti lacustri, carote di ghiaccio, anelli degli alberi e gli anelli di crescita dei coralli. Con questi ultimi archivi possiamo risalire al massimo di un milione di anni.

Gli eventi meteorologici degli ultimi 800 mila anni sono invece ben descritti nelle carote di ghiaccio che gli studiosi prelevano dai poli e dalla Groenlandia.

Se vogliamo studiare climi nel passato geologico, più indietro di un milione di anni, dobbiamo ricorrere alle rocce ed in particolare alle rocce sedimentarie che si sono formate sia in ambiente terrestre che in ambiente marino.

Oltre a studiare e quantificare le variazioni fisiche e chimiche di questi sedimenti che ci raccontano le variazioni del clima, dell'atmosfera e degli ecosistemi, queste rocce contengono un patrimonio paleontologico eccezionale, fossili di organismi microbici, di organismi cellulari, pluricellulari anche molto evoluti, sia di animale che di piante in ambiente acquatico e terrestre.

Questi fossili ci raccontano come gli ecosistemi marini e terrestri abbiano attraversato molteplici perturbazioni ambientali ed in particolare delle perturbazioni climatiche anche estreme.

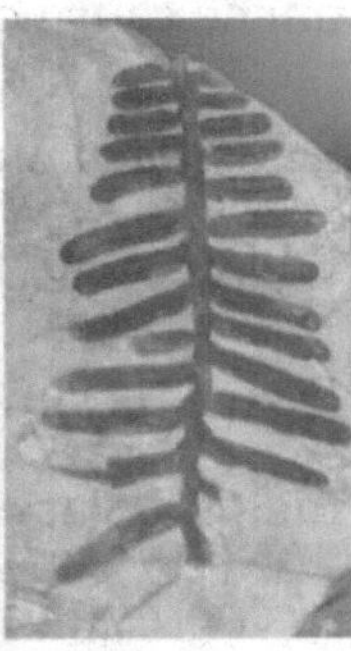

In base a questi dati geologici e paleontologici sappiamo che negli ultimi 700 milioni di anni il nostro pianeta ha subito delle condizioni di super riscaldamento per super effetto serra, ma anche delle glaciazioni estese a tutto il globo.

In particolare, si sono verificate almeno quattro grandi glaciazioni e possiamo studiare non solo come si sono innescate, ma anche come il sistema Terra sia uscito da cambiamenti climatici di freddi estremi per passare a riscaldamenti di super effetto serra.

Oltre ai dati di paleo-temperatura sono state stimate anche le variazioni di CO2 nell'atmosfera misurate in ppm (parti per milione) e nei molti grafici disponibili si vede bene che negli ultimi settecento milioni di anni periodi di glaciazione corrispondono a dei minimi di CO_2, mentre climi molto caldi avevano elevate concentrazioni di CO_2 nell'atmosfera.

L'assioma più CO_2 più caldo non è però sempre vero perché su scala dei tempi geologici alte concentrazioni di CO_2 sono state anche causa di forti raffreddamenti a scala globale.

Se osserviamo le variazioni naturali di CO_2 questa è controllata dalle eruzioni vulcaniche.

Il vulcanesimo introduce nell'atmosfera enormi quantità di CO_2 metano, vapore acqueo composti di zolfo, particelellato aerosol, e ceneri vulcaniche che possono dar origine sia a raffreddamenti e sia a riscaldamenti.

Dipende dal tipo e dalla dimensione del vulcanesimo. Grandi eruzioni vulcaniche sub aeree possono introdurre enormi quantità di aerosol e composti di zolfo, oltre a CO_2, nella parte più alta della troposfera e stratosfera, creando uno schermo alla radiazione solare e quindi producendo un raffreddamento detto "**inverno vulcanico**".

Normalmente invece la CO_2 produce riscaldamenti se non si considerano questi eventi vulcanici estremi.

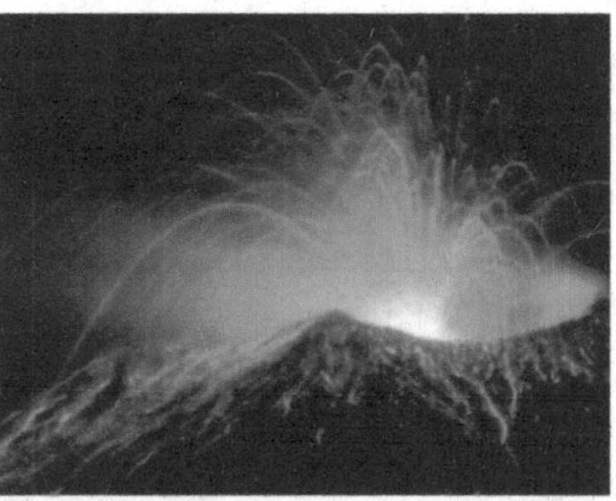

Non sono solo i vulcani attivi che influenzano il vulcanismo e quindi la concentrazione di CO2 nell'atmosfera, ma anche i vulcani dormienti come il Vesuvio che anche senza eruzione continuano in modo blando ad introdurre CO2, metano e vapore acqueo nell'atmosfera.

Anche le sorgenti idrotermali in assenza di attività vulcaniche immettono in atmosfera CO2, metano e vapore acqueo.

MECCANISMO DELLE SOGENTI IDROTERMALI

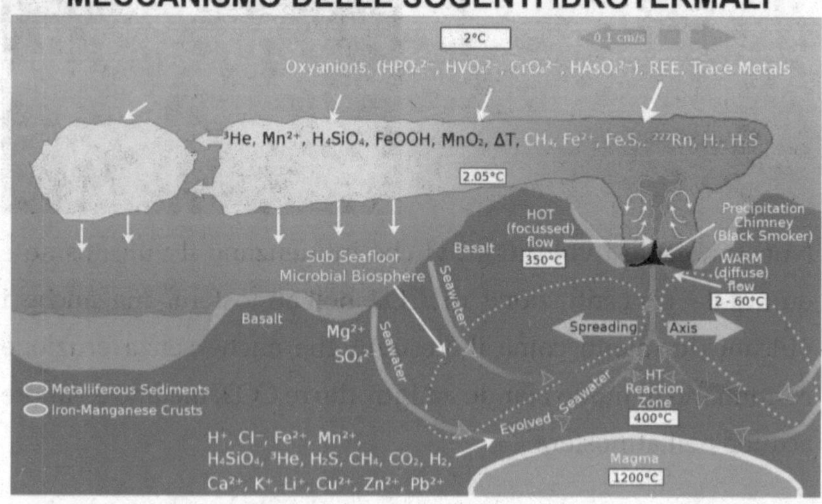

MAPPA GLOBALE DEI CAMINI IDROTERMALI OCEANICI

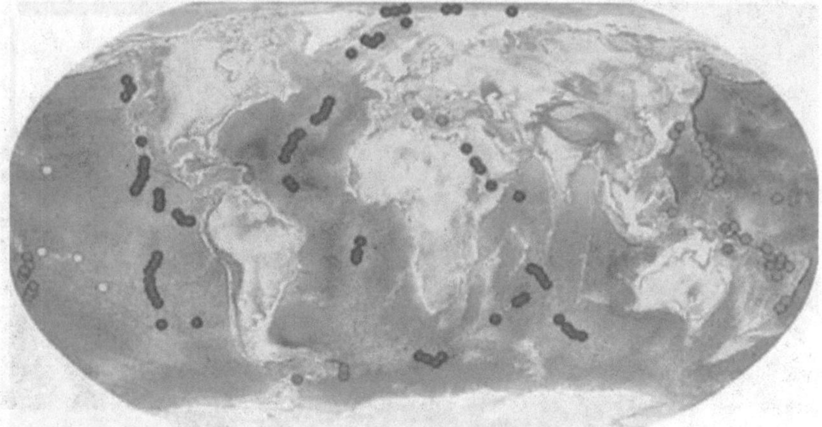

Se osserviamo i record geologici abbiamo diversi eventi che possiamo analizzare tra cui due casi estremi: il freddo più freddo che si è verificato circa 700 milioni di anni fa, quando l'intera superficie terrestre è stata ricoperta da ghiacci sia sulle terre emerse che sulla superficie degli oceani, ed il caldo più caldo degli ultimi 300 milioni di anni.

<u>Glaciazione</u>. Nel primo caso si è verificato un enorme evento vulcanico nel mezzo di un super continente, chiamato Rodinia. Tutti i continenti erano assemblati nella zona tropicale e 750 milioni di anni fa ha cominciato a lacerarsi con enormi vulcani subaerei.

Questa intensissima attività ha introdotto un eccesso di CO_2 in atmosfera fino a 2000/3000 ppm trasformando all'inizio il clima in condizione di super effetto serra.

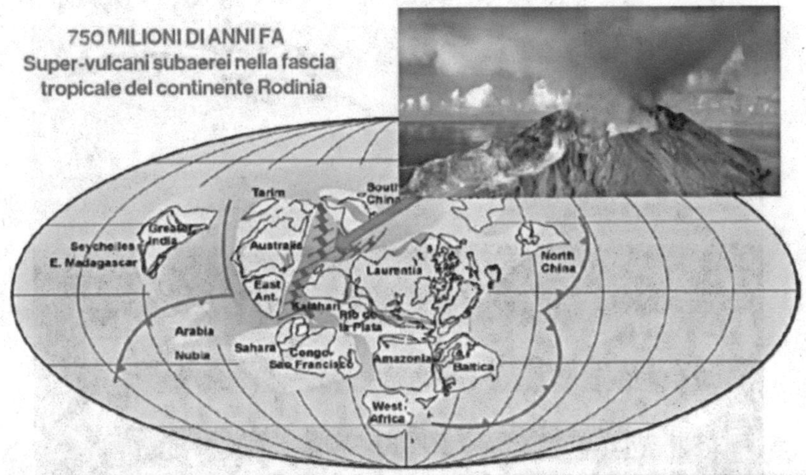

È stata una combinazione particolare perché un clima molto caldo e molto umido ha accelerato la degradazione chimica delle rocce esposte ed in particolare le enormi aree vulcaniche ricoperte da basalti.

Questa degradazione meteorica ha consumato CO2 che insieme all'acqua forma acido carbonico che, a sua volta, degrada le rocce sottraendo CO2 dall'atmosfera.

Questa alterazione chimica è stata talmente veloce da sottrarre un'enorme quantità di CO2 dall'atmosfera inducendo la più grande glaciazione di tutti i tempi, estesa fino alle aree tropicali rendendo la Terra completamente ghiacciata fino all'equatore.

L'intero pianeta era diventato in questo periodo (Proterozoico) una perfetta "**palla di neve**".

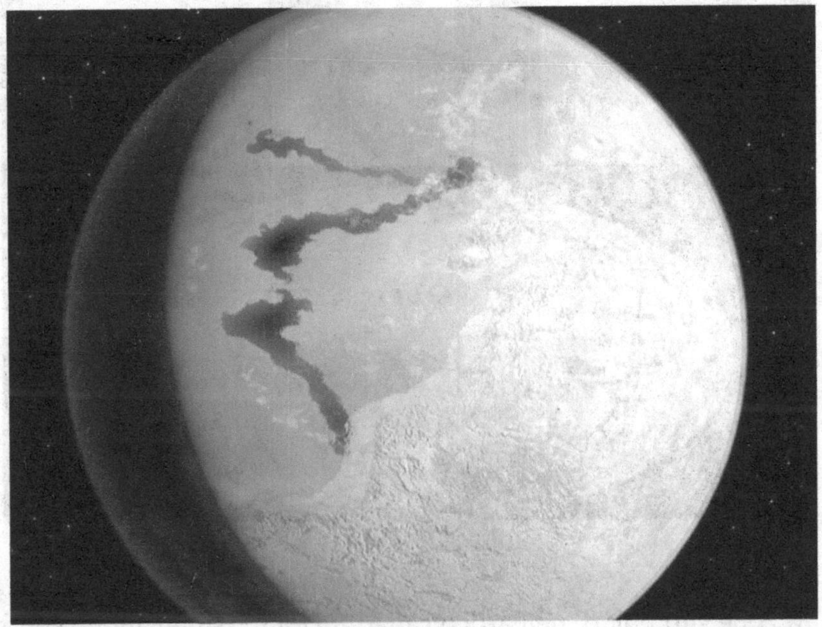

Effetto super-serra. Il secondo esempio si è verificato circa 120 milioni di anni fa per effetto di vulcani sottomarini in mezzo all'oceano Pacifico sul fondale in un'aera pari all'Europa introducendo negli oceani prima e poi nell'atmosfera grandi quantità di CO2.

Si è creato un effetto di **super serra** con una temperatura che paragonata all'attuale era molto più alta con una media di 20-25 C° sulla superfice terreste e sui mari tropicali dell'ordine dei 30-35 C°. Il ghiaccio non era presente da nessuna parte, nemmeno sui poli

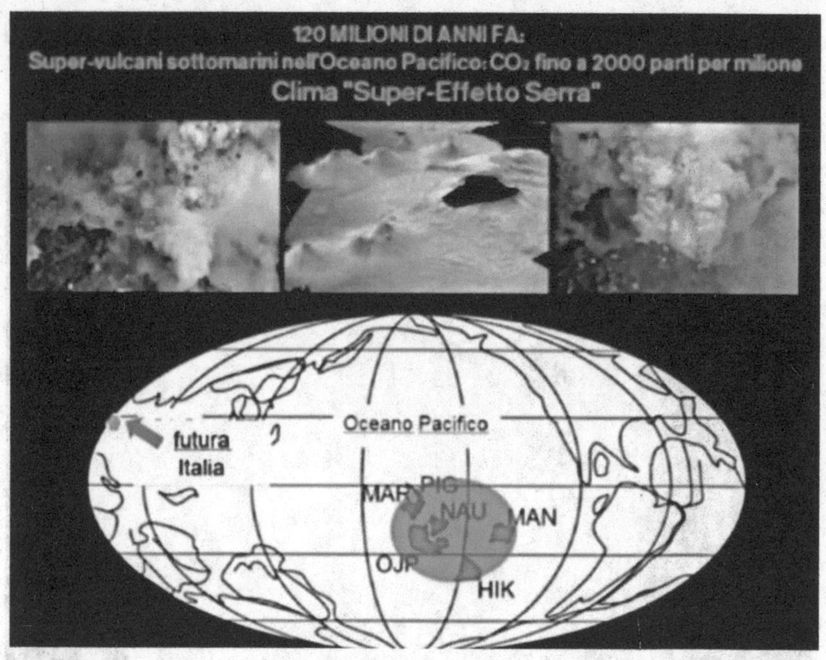

In zone sub polari, nell'artico canadese ed in Groenlandia, sono stati trovati fossili di coccodrilli e vegetazione tropicale a testimonianza di condizioni estremamente calde.

CLIMA (SUPER) FREDDO
- RAFFREDDAMENTO GLOBALE
- ABBASSAMENTO DEL LIVELLO DEL MARE
- CRISI DELLE COMUNITA' TROPICALI E SVILUPPO DI QUELLE SUBPOLARI
- OSSIGENAZIONE DEGLI OCEANI

CLIMA (SUPER)EFFETTO SERRA

- SURRISCALDAMENTO GLOBALE
- ALTISSIMO LIVELLO DEL MARE
- ACIDIFICAZIONE DEGLI OCEANI
- ANOSSIA NEI FONDALI MARINI

IL CALDO PIU' CALDO DEGLI ULTIMI 300 MILIONI DI ANNI

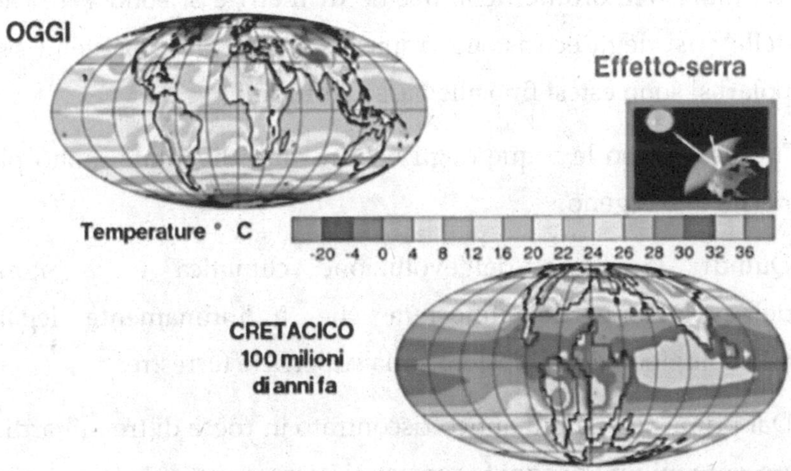

Questi due esempi ci dicono che nel passato geologico eccessi di CO2 nell'atmosfera hanno provocato cambiamenti climatici in due sensi opposti: super riscaldamento e super glaciazione. Possiamo ricostruire queste variazioni indotte che hanno provocato cambiamenti sugli ecosistemi su larga scala.

Nel caso di super riscaldamento più volte nel passato geologico sono state raggiunti incrementi di temperatura fino a 5 e 6 gradi centigradi, un sollevamento fino a 200 metri sull'attuale livello di mari ed un'acidificazione degli oceani perché la CO2 dell'atmosfera viene assorbita dagli oceani con conseguente crisi di organismi calcificatori, in particolare delle scogliere e del plancton calcareo, oltre a togliere completamente ossigeno dai fondali marini con crisi di molti organismi negli oceani.

Riassumendo la Terra ha sopportato due situazioni estreme: col super raffreddamento si sono verificati abbassamenti del livello del mare dell'ordine delle decine di metri e si sono verificate delle crisi degli ecosistemi tropicali, mentre gli ecosistemi sub polari si sono estesi fino alle basse latitudini.

In questo caso le acque degli oceani sono diventate molto più ricche di ossigeno.

Quindi, la storia dell'evoluzione climatica è la storia dell'evoluzione dell'atmosfera che è intimamente legata all'evoluzione della biosfera sulla superficie terrestre.

Dal primo fossile più antico riscontrato in rocce di tre miliardi e trecento milioni di anni fa sono stati successivamente trovati vari fossili che ci dicono come la vita sul nostro pianeta sia rimasta confinata negli oceani per quasi tre miliardi di anni prima di cominciare a popolare con vegetazione ed animali la superficie terrestre.

L'immagine che segue illustra bene l'evoluzione della vita sulla Terra che, partita 3.300 milioni di anni fa è giunta fino a noi, gli ultimi abitanti di questo pianeta.

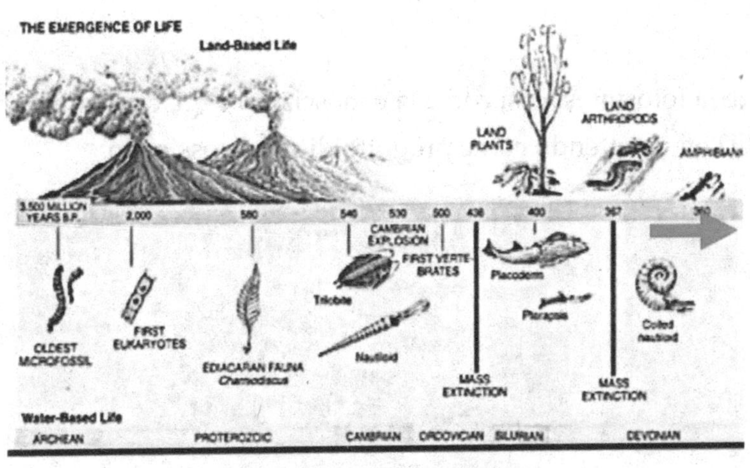

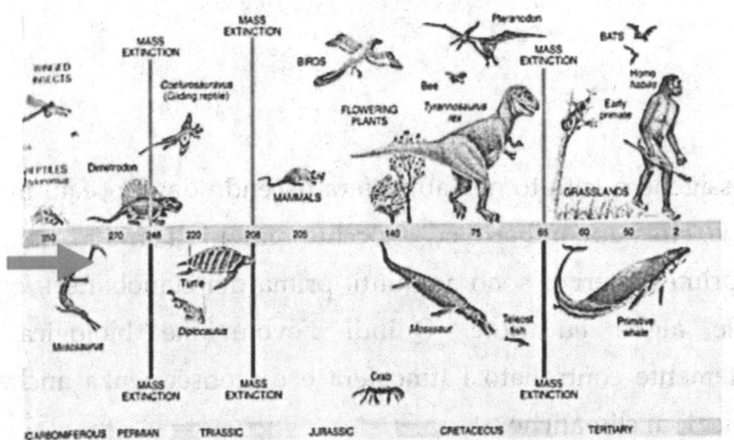

I vari passi evolutivi dalle unità microbiche, degli animali e dei vegetali sono estremamente legati all'evoluzione dell'atmosfera.

L'atmosfera primitiva era dominata da CO2 ed il clima era infuocato. I primi organismi che hanno cominciato ad utilizzare la CO2 sono connessi con l'incremento di metano nell'atmosfera.

Un secondo incremento di metano e l'inizio dell'ossigenazione degli oceani è avvenuto quando i primi batteri hanno imparato a fare la fotosintesi così come la conosciamo oggi, cioè utilizzando CO_2 ed emettendo come prodotto di scarto ossigeno.

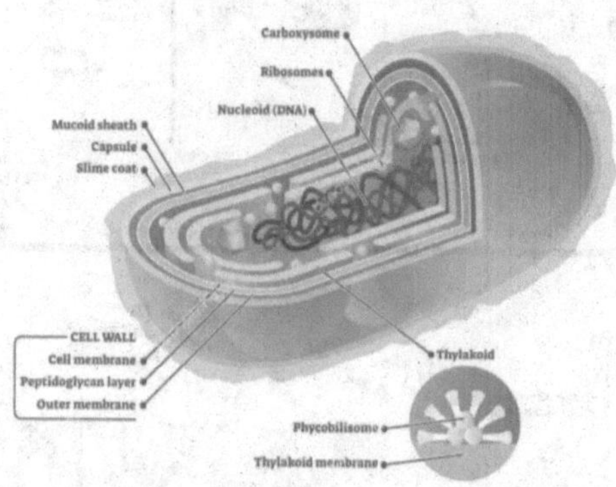

L'ossigeno è entrato nell'atmosfera uscendo dagli oceani molto dopo, circa due miliardi ed ottocento milioni di anni fa, quando ai primi batteri si sono aggiunti, prima dei cianobatteri, e poi delle alghe eucariote. Quindi l'evoluzione biologica ha fortemente controllato l'atmosfera e di conseguenza anche le variazioni climatiche.

L'atmosfera, così come la conosciamo oggi, la possiamo datare a circa settecento milioni di anni fa. Non è un caso che l'inizio dell'ossigenazione dell'atmosfera e la trasformazione dell'atmosfera verso un'atmosfera moderna siano seguite, in entrambi i casi, alle due grandi super glaciazioni che hanno trasformato la Terra in palla di neve.

A scala dei tempi geologici, la speciazione e le estinzioni della biosfera sul nostro pianeta non sono mai connesse con degli eccessi di CO_2 e dei cambiamenti climatici estremi. Le grandi estinzioni di massa che si sono verificate almeno cinque volte nel corso degli ultimi seicento milioni di anni sono state causate certamente anche da altre cause, probabilmente geologiche, o cause esterne come l'impatto di meteoriti sulla superfice terrestre.

Lo studio delle rocce permette di capire quali sono state le reazioni degli ecosistemi e del biota ai i grandi cambiamenti ambientali ed in particolare con gli effetti dell'eccesso di CO_2. L'ecosistema terrestre è molto resiliente al riscaldamento adattandosi anche a condizioni estreme, ma lentamente.

Molte specie si sono adattate, specie nuove sono comparse, ma questa abilità degli organismi non deve trarci in inganno. Questo non vuol dire che i prossimi cambiamenti climatici non avranno un impatto o avranno un impatto positivo sugli ecosistemi.

Vanno tenute presente le velocità delle reazioni. Nel passato geologico i cambiamenti sono stati naturali e legati all'attività tettonica e vulcanica e si sono esplicati lungo migliaia di anni.

La velocità con cui sta aumentando la CO_2 nell'atmosfera negli ultimi 150 anni è ordini di grandezza più alta rispetto ai cambiamenti del passato e non è detto che gli organismi e la biosfera in generale siano altrettanto veloci ed essere resilienti o a trarre dei vantaggi dai cambiamenti climatici attuali.

Nel passato geologico il pianeta ha subito molti cambiamenti climatici estremi, sia un super caldo che un super freddo.

I record paleontologici ci raccontano anche quali sono state le reazioni degli organismi e come si è evoluta la biosfera sul nostro pianeta in connessione con questi cambiamenti climatici.

Quello che abbiamo imparato è che in realtà gli ecosistemi sono stati estremamente resilienti, gli organismi sono stati in grado di adattarsi, non ci sono state estinzioni di massa e addirittura alcune specie hanno tratto beneficio da condizioni veramente peculiari introducendo nuove forme di vita.

Questi cambiamenti può darsi che si ripetano anche in futuro ma dobbiamo ricordare che le variazioni naturali avvengono secondo dei ritmi che sono estremamente lenti.

La velocità con cui sta aumentando la concentrazione di CO_2 nell'antropocene e la velocità del riscaldamento è ordini di grandezza più elevata rispetto agli esempi del passato geologico, non è detto quindi che gli organismi degli ecosistemi siano altrettanto resilienti e potrebbero subire delle défaillance estremamente gravi e mettere in crisi l'intero sistema Terra.

Clima nell'ultimo milione di anni

Dedotto dalla conferenza del prof. Carlo Barbante, Università Cà Foscaro, Venezia

Le carote di ghiaccio che estraiamo dagli archivi della Groenlandia e dall'Antartide sono delle importantissime informazioni per quanto riguarda il clima del passato e le variazioni di temperatura che abbiamo avuto nel corso di decine di migliaia di anni.

Le carote di ghiaccio che riusciamo ad estrarre in Groenlandia ci permettono di andare indietro nel tempo di circa 120.000 anni mentre quelle in Antartide ci consentono di ottenere un record continuo di 800.000 anni in cui riusciamo a rilevare i cicli climatici glaciali ed interglaciali che si sono susseguiti nel corso delle epoche passate.

<u>**Il recente clima della terra è scritto nel ghiaccio.**</u>

Il grafico che segue ne è una chiara prova. Rappresenta i dati ricavati da una carota di ghiaccio estratta nei pressi di Vostok. Dall'alto la prima indica la temperatura, la seconda la quantità di anidride carbonica e la terza le polveri vulcaniche

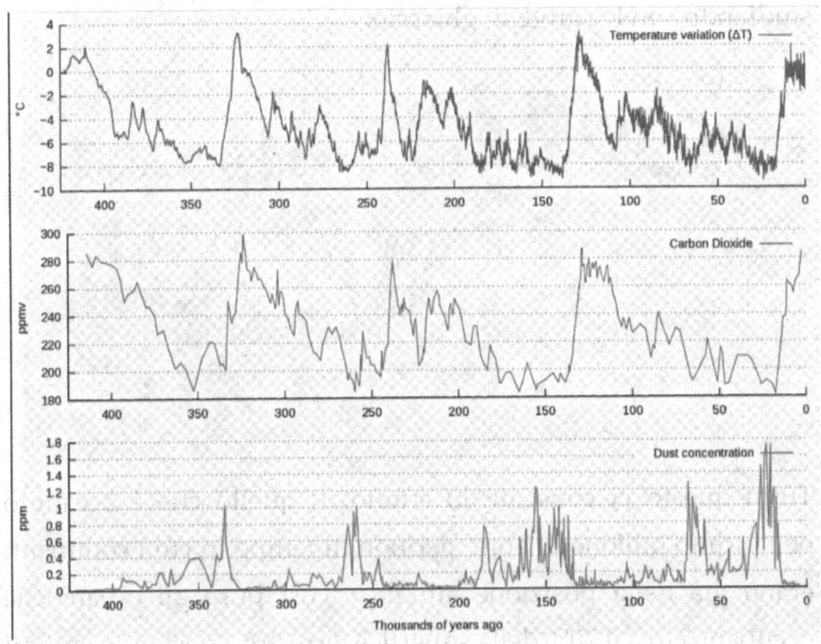

La temperatura media superficiale del nostro pianeta è aumentata di circa un grado centigrado nel corso dell'ultimo secolo e questo lo sappiamo grazie ad una rete capillare di strumenti molto diffusi che misurano la temperatura negli oceani ma anche nell'atmosfera del pianeta.

Se vogliamo mettere in una giusta prospettiva quello che sta accadendo in termini temporali più lunghi ci dobbiamo avvalere di misure indirette della temperatura e queste le otteniamo, ad esempio, dall'analisi di carote di ghiaccio che provengono dalle aree polari del pianeta oppure dallo studio di sedimenti marini in certe zone del pianeta risalenti al periodo che stiamo studiando con le carote di ghiaccio.

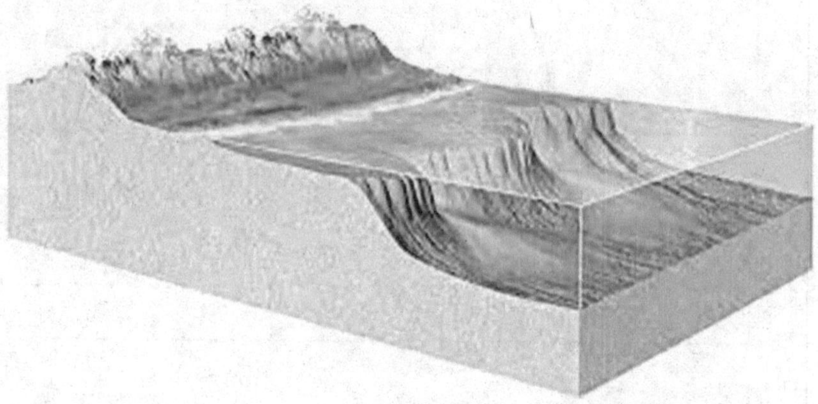

Tutto questo ci consente lo studio di quello che è accaduto nell'ultimo milione di anni, periodo di tempo in cui i continenti erano già nella posizione attuale e così pure gli oceani che occupano circa il 70% della superfice terrestre, spostando enormi masse d'acqua e trasportando enormi quantità di energia come fa anche l'atmosfera.

Nel corso di questo ultimo milione di anni la temperatura ed in generale il clima del nostro pianeta ha avuto delle oscillazioni molto importanti e che conosciamo come variazioni legate a periodi glaciali molto lunghi, di circa centomila anni, molto freddi e periodi più corti, detti interglaciali, che stanno tra due glaciazioni e caratterizzati da temperature decisamente più elevate.

Nel corso dell'ultimo milione di anni i periodi interglaciali sono stati abbastanza simili alle temperature attuali.

Queste oscillazioni tra caldo e freddo, periodi glaciali ed interglaciali, non sono casuali, ma sono legate da quelle che vengono definite **forzanti climatiche esterne**, sostanzialmente a parametri orbitali che influenzano la quantità di energia che viene assorbita dal nostro pianeta.

L'eccentricità orbitale, **l'inclinazione assiale** e la **precessione dell'orbita** terrestre variano periodicamente e danno luogo, quando i loro effetti sono in fase, a glaciazioni ogni circa 100.000 anni durante l'era glaciale del Quaternario. L'asse terrestre completa un ciclo di precessione ogni 26.000 anni e l'orbita ellittica ruota compiendo un ciclo ogni 22.000 anni. Inoltre, l'angolo tra l'asse terrestre ed il piano orbitale varia ciclicamente tra 22,5° e 24,5°, con un periodo di 41.000 anni.

PARAMETRI ORBITALI CHE INFLUENZANO IL CLIMA

Obliquità, 41.000 anni

Eccentricità, 100.000 anni

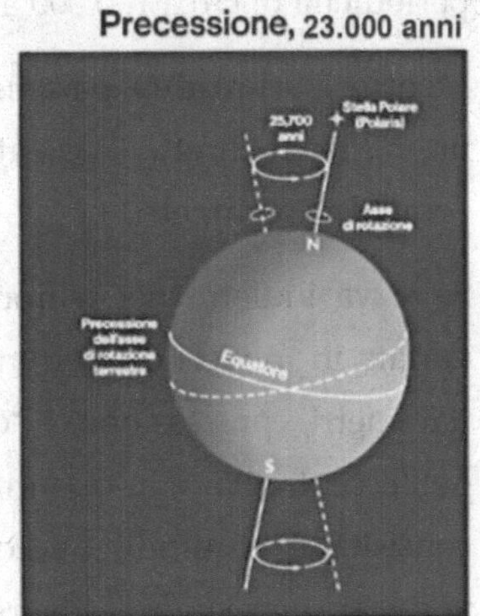

Misurando oggi la quantità di energia in un punto della superficie terrestre non è la stessa che, nello stesso giorno e nella stessa ora, fosse stata registrata 20.000 anni prima.

I parametri orbitali sono quindi responsabili di queste enormi variazioni di temperatura e di energia che arrivano dallo spazio esterno.

Riassumendo, i parametri fondamentali che ci interessano sono tre: **l'inclinazione dell'asse terrestre** che non è costante, ma oscilla, il **moto di precessione** che è assimilabile al moto di una trottola quando si sta fermando e che muove il piano di rotazione terrestre, detto appunto movimento di precessione; ed infine l'**eccentricità dell'orbita** terrestre.

L'orbita della terra intorno al sole non è perfettamente circolare, ma è un'elisse in cui il Sole occupa uno dei fuochi. La forma dell'elisse varia e diventa più circolare o più ellittica con una periodicità di circa 100.000 anni.

Mentre i primi due parametri, obliquità e precessione hanno un'influenza diretta, l'eccentricità tende solamente a modulare i primi due parametri.

Se si va indietro nel tempo si può vedere come l'energia sia variata in modo non perfettamente sinusoidale per questi due parametri, precessione e obliquità, con un'influenza anche dell'eccentricità. La quantità di energia è variata in modo consistente, e quindi, a secondo del periodo di tempo, si sono verificate temperature diverse.

Per ricostruire le temperature del passato si usano delle misure indirette sfruttando i così detti **record climatici** degli archivi ambientali che registrano parametri che sono sensibili alle variazioni di temperatura.

Si possono usare, ad esempio, i **sedimenti marini** e **carote di ghiaccio**, che ci forniscono informazioni di quelle che vengono definite le **forzanti climatiche**, cioè i parametri che influenzano la temperatura del pianeta. Con esse misuriamo gli effetti di queste forzanti, effetti che sono legati alla variazione di temperature.

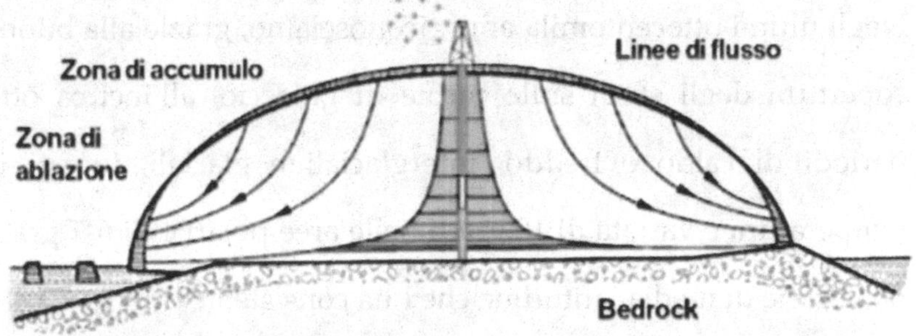

Mettendo insieme questi vari record che derivano, ad esempio, da sedimenti lacustri e da carote di ghiaccio prelevati da siti sparsi in tutto il pianeta, si riesce a ricostruire la storia climatica dell'ultimo milione di anni del nostro pianeta.

Risulta così come la storia climatica sia costituita da periodi lunghi di glaciazioni e periodi più brevi e stabili in cui la temperatura è stata molto simile all'attuale.

Negli ultimi ottocentomila anni riconosciamo, grazie alla buona copertura degli studi sulle carote di ghiaccio, all'incirca otto periodi di caldo e freddo, interglaciali e glaciali, in cui la temperatura è variata di 10 gradi nelle aree polari e di 6-7 gradi nelle zone di media latitudine che una consistente differenza.

Se poi andiamo a rilavare il record climatico che si ottiene dallo studio delle carote di ghiaccio si trova, come in conseguenza delle variazioni orbitali, che si sono verificati otto cicli climatici abbastanza ben intercalati tra di loro.

ULTIMI 800.000 ANNI ANALIZZATI CON CAROTE DI GHIACCIO LA TERRA HA SUBITO OTTO PERIODI DI CALDO E FREDDO

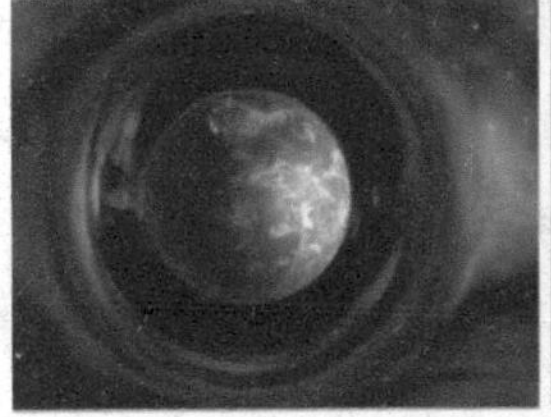

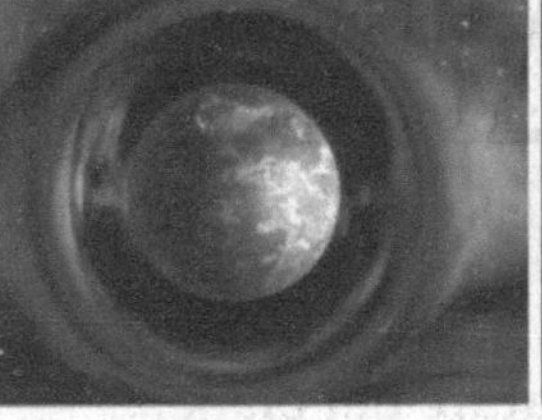

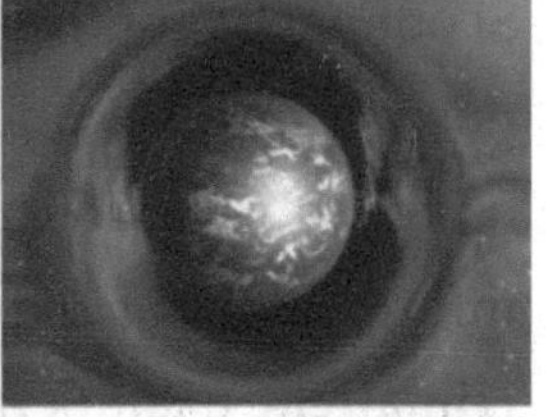

Le carote di ghiaccio sono l'unico archivio climatico ambientale che contenga nel proprio interno informazioni sia sulle **forzanti climatiche** e sia sulle temperature che ne risultano.

Infatti, la neve si deposita anno dopo anno e in alcuni siti polari si accumula senza mai fondere da una stagione all'altra e forma degli archivi praticamente continui di informazioni importantissime.

Questo conferma come si possa risalire nel tempo di circa 120.000 anni in Groenlandia e ricavare 800.000 anni di dati climatici continui nell'Antartide.

Si ottengono informazioni sulla composizione chimica dell'aria e, misurando le **concentrazioni isotopiche** di deuterio e di ossigeno presente nelle molecole d'acqua, si possono ricavare informazioni sulla temperatura e quindi sulle **forzanti climatiche** e temperature del pianeta.

L'archivio climatico nell'Antartide negli ultimi 800.000 anni mostra come la temperatura sia variata da periodi più freddi, quelli glaciali, ed a periodi più brevi, periodi interglaciali con una temperatura abbastanza simile a quella che abbiamo oggi, simile sia in termini di temperatura assoluta che di stabilità climatica.

L'INCLINAZIONE DELL'ORBITA TERRESTRE CAUSA CICLI INTERGLACIALI DI 100.000 ANNI

Considerando la curva climatica nel tempo si nota una forte differenza tra la prima parte della curva stessa, dove esiste una variabilità tra periodi glaciali ed interglaciali elevata, circa ogni 40.000 anni, e che sono proprio gli anni legati all'inclinazione dell'asse dell'orbita terrestre. Poi, andando oltre ed avvicinandosi ai nostri giorni, queste oscillazioni sono avvenute con una periodicità di circa 100.000 anni.

Questo fenomeno non è legato all'eccentricità dell'orbita terrestre perché questa ha solo una piccola capacità di modulare gli altri due parametri che sono l'inclinazione e la precessione dell'asse.

Assieme alle registrazioni di temperature, all'interno delle carote di ghiaccio si misurano le variazioni di concentrazioni dei gas.

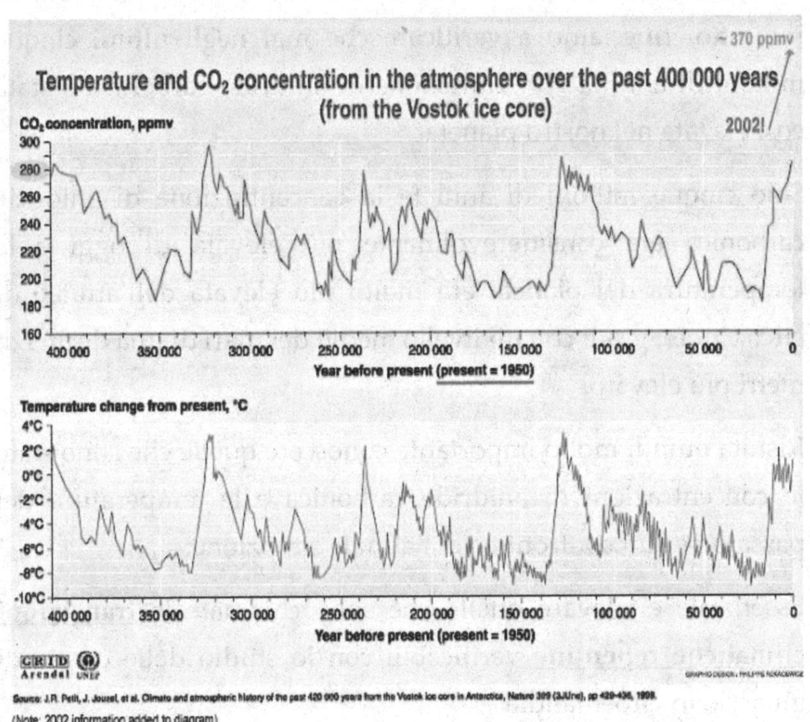

Source: J.R. Petit, J. Jouzel, et al. Climate and atmospheric history of the past 420 000 years from the Vostok ice core in Antarctica, Nature 399 (3June), pp 429-436, 1999.

(Note: 2002 information added to diagram)

In particolare, in questo grafico possiamo vedere come la concentrazione di gas serra CO2 abbiano sempre seguito in maniera sincrona le variazioni di temperatura.

Le oscillazioni sono sempre state tra 180 ppm (parti per milione) durante il periodo glaciale e circa 280 ppm nei periodi più caldi, cioè periodi interglaciali simili al nostro, salvo poi schizzare ad oltre 370 ppm negli ultimi 100 anni per raggiungere i 410 ppm recentemente.

Le concentrazioni attuali di gas serra non si sono mai verificate nel corso degli ultimi 800.000 anni e, da altri archivi in modo indiretto, riusciamo a verificare che mai negli ultimi cinque milioni di anni la concentrazione di anidride carbonica è stata così elevata nel nostro pianeta.

Solo cinque milioni di anni fa la concentrazione di anidride carbonica era considerevolmente più elevata di oggi e la temperatura del pianeta era molto più elevata dell'attuale di circa cinque gradi con un livello medio dei mari di una decina di metri più elevato.

Risulta quindi molto importante conoscere quelle che sono state le concentrazioni di anidride carbonica e le temperature del passato per un confronto con l'attuale situazione.

Essenziale è rilevare quelle che sono chiamate le **transizioni climatiche repentine** verificabili con lo studio delle carote di ghiaccio in Groenlandia.

Soprattutto nell'ultimo periodo glaciale, intorno a 50.000 anni fa, proprio mentre i nostri antenati cacciavano i Mammut e dipingevano le grotte di mezza Europa con i loro bellissimi graffiti, il nostro pianeta oscillava tra temperature molto elevate a temperature più basse di oggi nel giro di pochi decenni, con anche variazioni di circa dieci gradi.

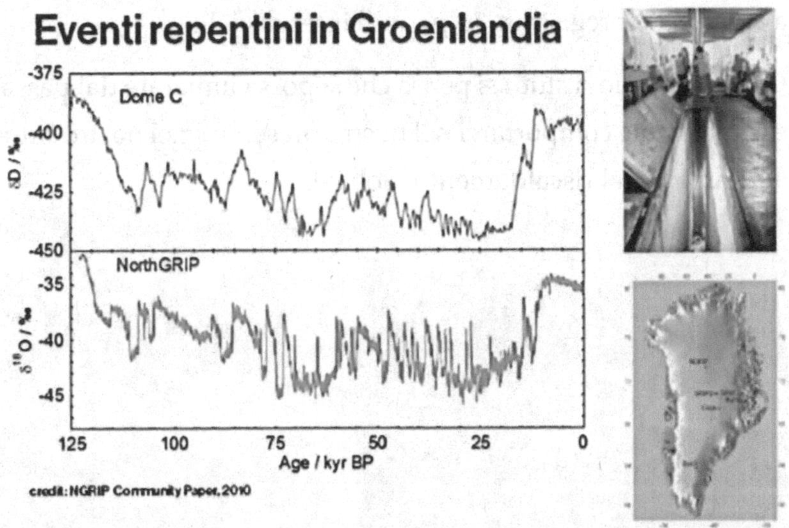

Queste variazioni climatiche repentine sono strettamente connesse al modo con cui circolano le correnti oceaniche e che hanno avuto un'influenza importantissima sul clima del pianeta nel passato.

Queste variazioni non sono mai state rilevate dalle ricerche effettuate nei periodi climatici interglaciali simili al nostro e che percorrono l'ultimo milione di anni.

Per chiarire questo strano fenomeno che sembra non riguardare il nostro tempo, si stanno effettuando approfonditi esperimenti dal punto di vista climatico perché serve per fare confronti con le concentrazioni di gas serra che oggi stiamo determinando con le attività umane.

Infatti, queste concentrazioni sono cresciute così tanto che stanno inducendo una tale variazione repentina di temperatura che non avevamo mai registrato in periodi interglaciali.

Con questi nuovi studi si pensa che si possa imparare dal passato e capire come comportarci nel nostro presente e nel nostro futuro al riguardo del riscaldamento globale.

Come si comportano i mari

Dedotto dalla conferenza del prof. Matteo Vacchi, Università di Pisa

Il livello del mare è un concetto molto dinamico ed è influenzato da molteplici fattori. In passato, sia da fasi calde e sia da fasi fredde, che hanno avuto come conseguenza il sollevamento o la discesa del livello medio del mare.

Vedremo i fattori principali che influenzano queste oscillazioni sia per quanto riguarda le ultime centinaia di migliaia di anni, sia le variazioni attuali.

Innanzitutto, è importante cercare di definire perché il livello del mare cambia ed a questo proposito ci sono numerosissimi fattori che entrano in gioco e che sono i principali attori nella variazione sia passata che presente.

MOLTI FATTORI DETERMINANO IL LIVELLO DEI MARI

Uno dei contributi più importanti è sicuramente il **contributo Eustatico** che durante un periodo freddo, ad esempio un periodo glaciale, immagazzina una buona parte d'acqua nelle grandi calotte polari ghiacciata e questo provoca una discesa del livello dei mari a volte in modo molto importante.

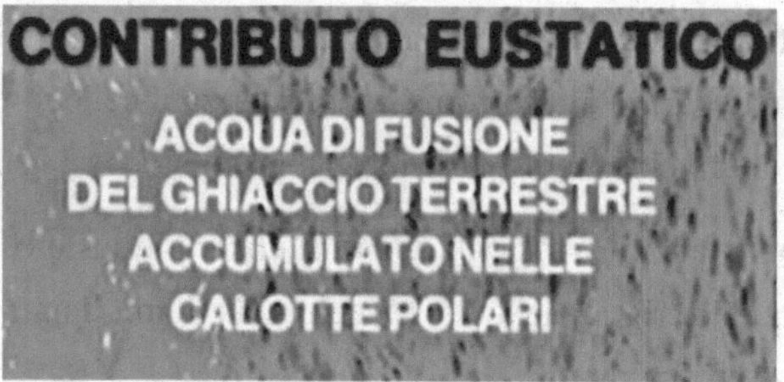

Durante la transizione tra un'epoca glaciale ed un'epoca interglaciale quest'acqua di fusione delle calotte polari viene distribuita globalmente negli oceani alzandone il livello.

Questo innalzamento non è quello che noi osserviamo sulle nostre coste perché ci sono molti altri fattori che entrano in gioco e che modificano quello che è il **livello relativo** dei mari. Infatti, la nostra costa non è stabile e si muove con movimenti che influenzano l'oceano e la **linea di riva**.

Molto importante è il **contributo isostatico** che, soprattutto alle latitudini elevate dove si trovano zone sormontate da spesse calotte glaciali che, ritirandosi, fanno sì che la terra sottostante risponda in maniera elastica sollevandosi.

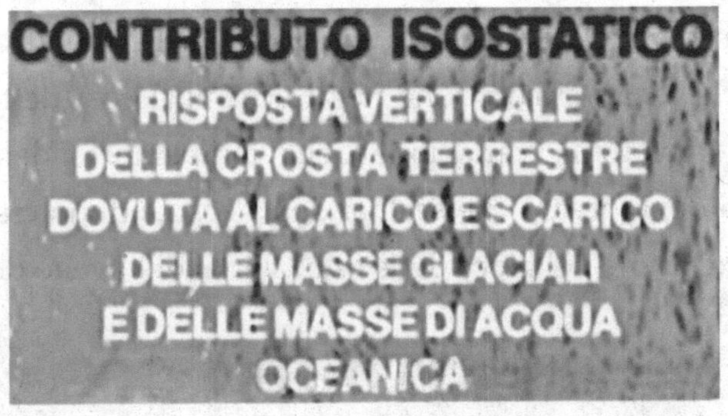

Questo influenza le coste in quelle zone e che si alzano in modo chiaramente visibile ad occhio nudo. Vi sono poi altri movimenti verticali della costa che sono, ad esempio, determinati dall'attività tettonica. Infatti, l'attività sismica, in alcune faglie molto importanti, entra in gioco in modo sostanziale nella interazione tra oceano e costa.

LE FAGLIE INFLUENZANO I MOVIMENTI DELLE COSTE

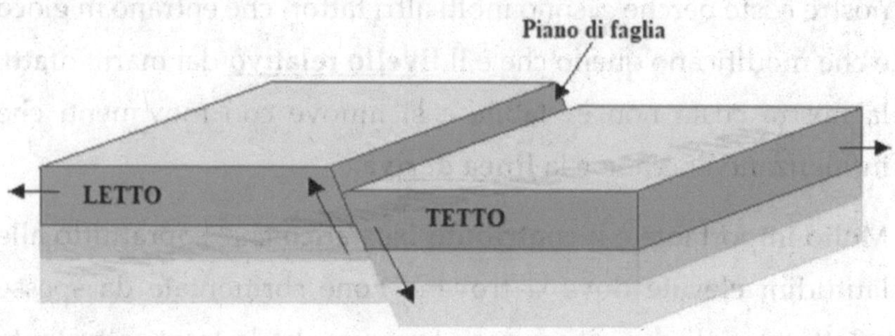

Inoltre, vi sono altri fattori che in alcuni casi possono essere molto importanti come le variazioni climatiche che determinano modifiche della circolazione negli oceani; il così detto **effetto sterico**, ovvero la variazione della temperatura delle masse d'acqua degli oceani che scaldandosi si espandono creando un ulteriore fattore nel gioca delle oscillazioni del livello del mare.

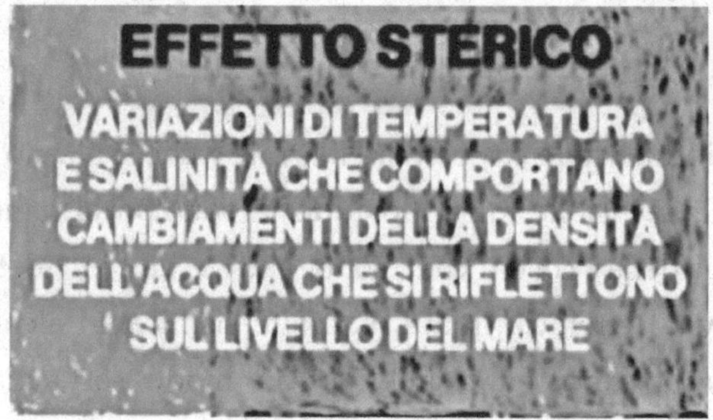

Localmente abbiamo la **subsidenza**, movimenti negativi del suolo di origine naturale dovuti alla compattazione nelle grandi pianure costiere con sedimenti argillosi.

Si ha anche subsidenza di origine antropica in alcune aree del mondo dovuta all' **emungimento** delle falde acquifere perenni del sottosuolo che abbassano la costa ed a insediamenti pesanti che insistono sul terrone come ad Hong Kong con i suoi molti grattacieli vicino alla costa.

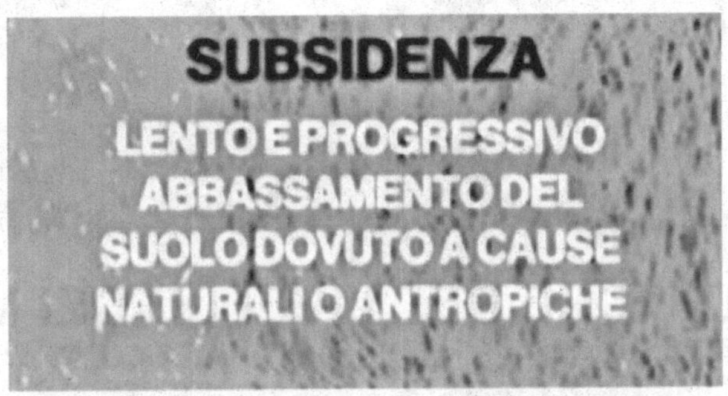

Tutto quanto visto sopra rende estremante complesso misurare il movimento del livello del mare per tutti i fattori che intervengono.

Comunque sappiamo che nelle ultime centinaia di migliaia di anni ci sono state diverse variazioni cicliche che hanno portato a grandi espansioni dei mari con enormi riduzioni delle calotte glaciali sia nell'emisfero nord e sia nell'emisfero sud. Queste variazioni dei ghiacci hanno avuto come conseguenza molto importanti modifiche del livello dei mari.

Ci sono stati periodi in cui il livello dei mari si è abbassato di più di cento metri rispetto al livello attuale ed in altri periodi, nelle fasi interglaciali più calde, in cui il livello del mare era alle quote attuali se non addirittura al di sopra.

MODIFICHE DEL LIVELLO DEI MARI

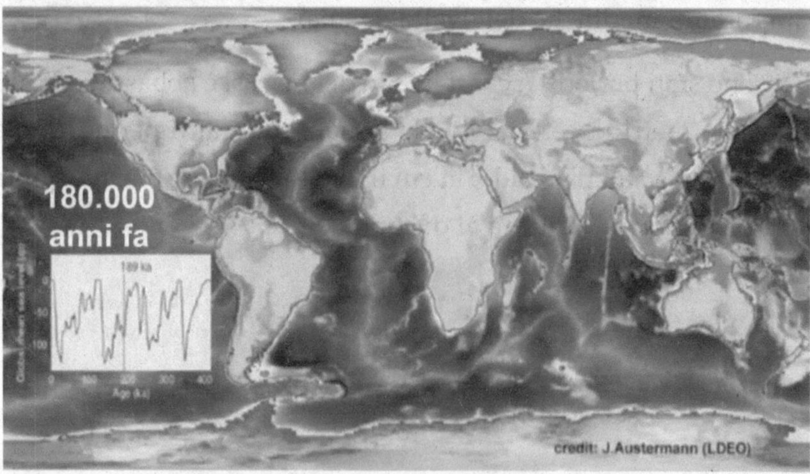

Oggi misuriamo la variazione del livello dei mari con enorme precisione, soprattutto negli ultimi 50 anni grazie alle tecnologie satellitari ed ai radar. Inoltre, per tempi dell'ordine degli ultimi 120 anni abbiamo una buona copertura con i **Mareografi**, per esempio quello di Genova, che ci permettono di valutare come il livello del mare si stia evolvendo.

CON I NOSTRI STRUMENTI MISURIAMO IL LIVELLO DEI MARI

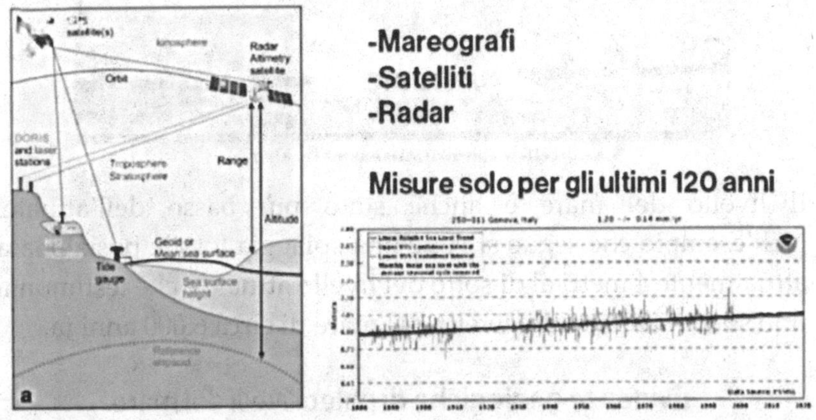

Per tempi più remoti si possono utilizzare i dati geologici rilevabili dai sedimenti delle coste in giro per il mondo.

La figura che segue è un esempio di incisione alla base della **Falesia**, come si definisce nel mondo scientifico, o morfologicamente "**solco di battente** ". Si può vedere come al di sopra dell'incisione attuale vi sia un'incisione fossile che testimonia un livello del mare di circa 8 metri al di sopra dell'attuale livello e circa 12.000 anni fa, in un'epoca interglaciale.

Evidenze geologiche di paleo livelli del mare

Solco di battente presso Cala Gonone (Sardegna)

Il livello del mare è anche stato più basso dell'attuale. Nell'esempio che segue si vede una spiaggia fossile posizionata attualmente 4 metri al di sotto del livello attuale e che testimonia uno stazionamento del livello del mare di circa 6.000 anni fa.

Evidenze geologiche di paleo livelli del mare

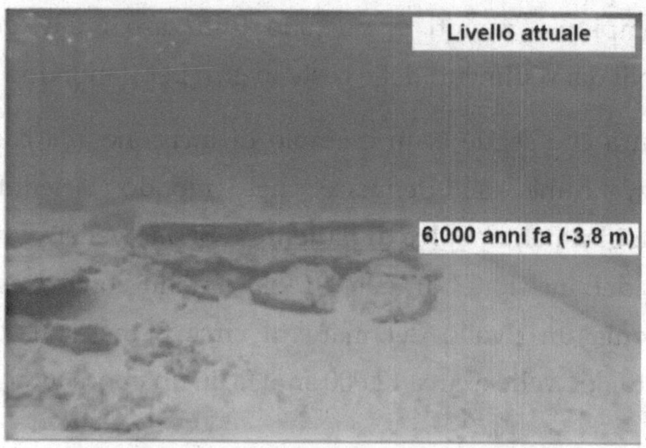

Spiaggia fossile (beachrock) presso Cannigione (Sardegna)

Tutti questi dati sono molto importanti perché sapendo quali sono state le **forzanti climatiche** che hanno condizionato l'evoluzione del mare nel passato si possono comprendere quanto sta accadendo attualmente e fare delle previsioni per quanto riguarda il futuro.

Un periodo particolarmente importante è la transizione tra l'ultima glaciazione, che ha avuto un picco circa 25.000 anni fa, quando il livello del mare si è abbassato di 120-130 metri rispetto all'attuale livello.

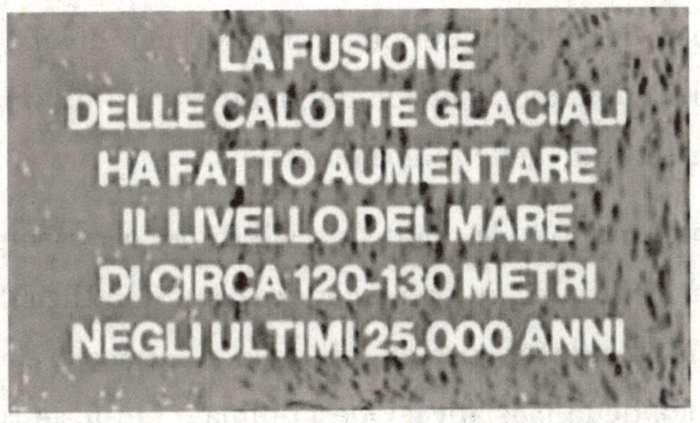

La transizione tra questo periodo glaciale ed un periodo interglaciale, del quale ultimo facciamo parte noi oggi, ha fatto sì che le grandi calotte polari abbiano cominciato a fondere e che grandi masse d'acqua si siano immesse negli oceani in modo abbastanza rapido provocando un innalzamento dei mari molto rapido fino a 7.500 anni fa.

SIGNIFICATIVA RIDUZIONE DELL'ACQUA DI FUSIONE DELLE CALOTTE A PARTIRE DA 7.500 ANNI FA

Nel periodo seguente i tassi di fusione delle calotte hanno subito una importante decelerazione ed il livello del mare si è stabilizzato.

Non è solo il contributo **eustatico** che regola le oscillazioni e le variazioni del livello dei mari; infatti, nei diversi contesti geografici e tettonici il livello del mare negli ultimi millenni è variato a secondo delle zone analizzate.

In alcune zone sotto le calotte glaciali come, per esempio, nella parte più a nord dell'Europa si verifica come il livello relativo del mare stia scendendo per effetto della componete elastica del sottosuolo, detta **isostatica**. Quest'ultima è più forte rispetto al contributo **eustatico**: in pratica il terreno si rialza più di quanto il mare si solleva per effetto dello scioglimento dei ghiacci.

Ci sono altre zone del mondo dove l'evoluzione è stata fortemente influenzata da attività tettonica, per esempio le coste giapponesi, le coste del Pacifico degli Stati Uniti, le coste del sud Italia ed alcune zone in Grecia.

L'importanza di conoscere cosa è successa nel passato consiste nel fatto che tutti questi fattori possono giuocare un ruolo importante per l'evoluzione futura del livello del mare.

Essenziale per noi è studiare gli ultimi 2.000 anni, periodo in cui tutti i dati geologici confermano come l'attività tettonica non sia stata molto significativa e quindi siano anni stabili da quel punto di vista. Il livello del mare è cresciuto pochissimo con tassi di risalita di circa 20 centimetri negli ultimi 2.000 anni.

Se compariamo questi dati con gli ultimi 100/150 anni si constata come tutti i rilevamenti geologici dei mareografi, riscontrino un'accelerazione negli ultimi 150 anni una significativa risalita dei mari di quasi tre volte e mezzo rispetto al passato.

TASSI DI RISALITA DEI MARI RILEVATI IN 2.000 ANNI. GLI ULTIMI 100 ANNI MOSTRANO UN RAPIDO AUMENTO

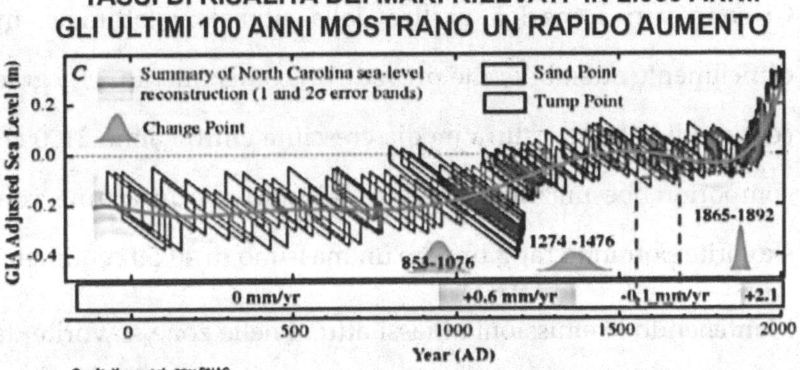

Credit: Kemp et al., 2011 PNAS

L'importanza di questi dati è fondamentale per il mondo della climatologia, infatti, pur nessuno negando che nel passato ci siano state ampie variazioni anche molto importanti del livello dei mari, sia in su che in giù, la comunità scientifica concorda sulla novità attuale della repentinità dell'aumento.

Quello che preoccupa è che questa repentinità dell'accelerazione negli ultimi 150 anni non sia naturale, ma provocata dalla rivoluzione industriale e che gli attuali tassi di emissioni di inquinanti nell'atmosfera possano peggiorare la situazione.

Cosa ci aspetta nel futuro nei prossimi 50 o 100 anni? Le proiezioni che sono state fatte sono fortemente collegate ad una riduzione o aumento delle emissioni inquinanti nel prossimo futuro.

Ci sono vari scenari a partire dalla situazione ottimale, ma difficilmente ottenibile, che prevede un contenimento a 1,5 gradi centigradi la temperatura media cresciuta entro l'anno 2100 che comporterebbe un innalzamento dei mari che in alcune zone sfavorite potranno raggiungere un massimo di 40/50 centimetri.

Mantenendo le emissioni ai tassi attuali nelle zone sfavorite del pianeta si raggiungerebbero rialzi del livello del mare dell'ordine del metro ed anche oltre.

TRE SCENARI PREVISTI DA IPCC
(Intergovernmental Panel on Climate Change)

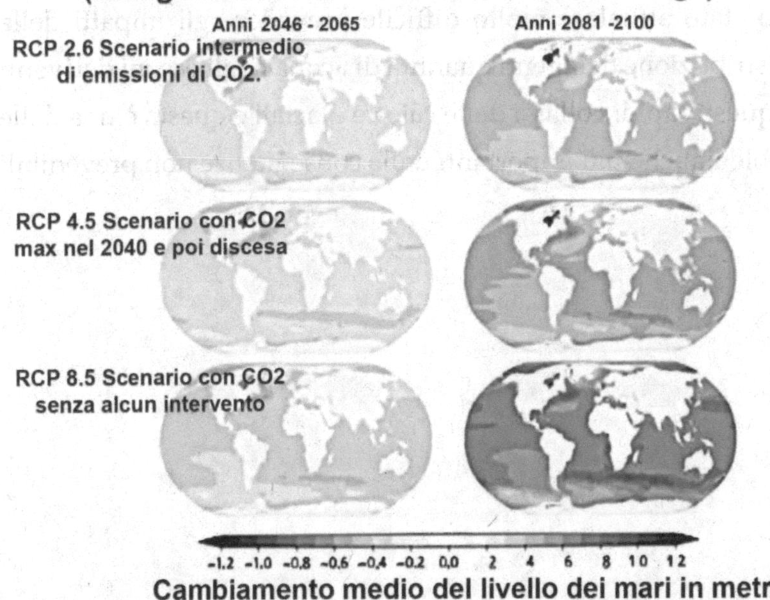

Cambiamento medio del livello dei mari in metri

In quest'ultimo caso nei paesi in via di sviluppo, dove esistono vaste popolazioni che vivono nei grandi delta al di sopra di massimo un metro e mezzo dal livello del mare avrebbe conseguenze disastrose.

Vi sarebbero perdite di infrastrutture ed anche vasti danni nel terreno per la penetrazione del cuneo salino e quindi la perdita di zone agrarie molto importanti per le coltivazioni di riso e di altri prodotti agricoli.

Queste previsioni potrebbero essere ancora peggiori se ci fossero collassi rapidi delle calotte polari glaciali modificando la loro attuale stabilità.

Allo stato attuale è molto difficile prevedere gli impatti della ridistribuzione di ingenti quantità di acqua negli oceani derivanti da questi rapidi collassi delle calotte glaciali e questa è una delle problematiche più importanti dalle conseguenze non prevedibili.

Dendroclimatologia e vulcani

Il miglior metodo per studiare con precisione l'andamento del clima degli ultimi duemila anni, anche per eventi istantanei come il vulcanismo, si basa sull'analisi degli anelli degli alberi, la "dendroclimatologia" da "**Dendro**" che in greco significa "Albero". Gli anelli degli alberi rivelano con precisione durante la loro vita, l'ambiente esterno come fossero un archivio naturale.

Gli alberi inglobano annualmente nei loro anelli una serie di parametri che poi gli studiosi estraggono con meticolosa cura.

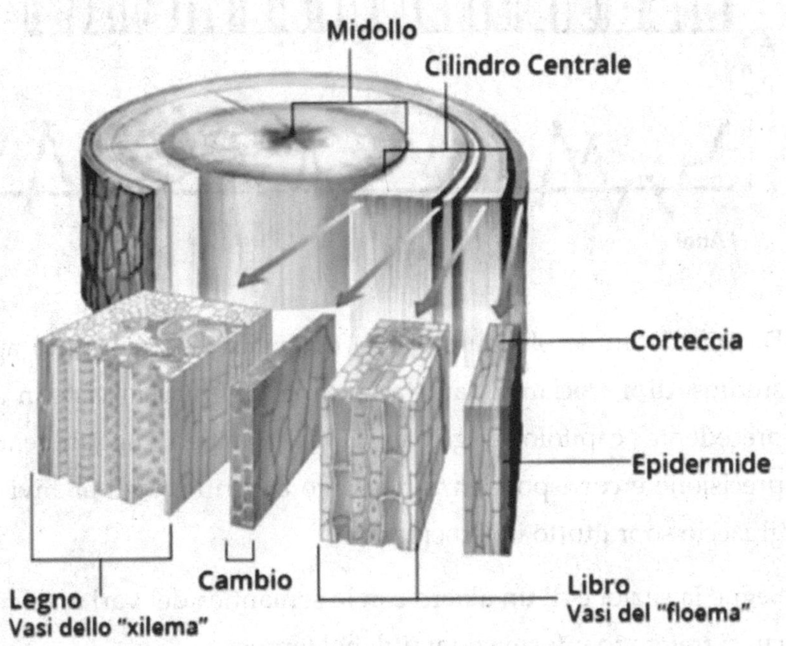

Quei parametri vengono poi utilizzati per creare a computer grafici dendrocronologici del tipo riportato nella figura che segue in cui l'ampiezza degli anelli è disposta in funzione degli anni. Poiché l'ampiezza della crescita di un albero è funzione dell'umidità e della temperatura, nel grafico i tre punti denotano gli anni di estrema siccità.

CURVE DENDROCRONOLOGICHE

Le misure degli spessori degli anelli di accrescimento sugli anelli vengono tradotti al computer in grafici dove sull'asse delle ascisse è riportata la successione cronologica degli anni di vita della pianta e sulle ordinate le ampiezze anulari corrispondenti

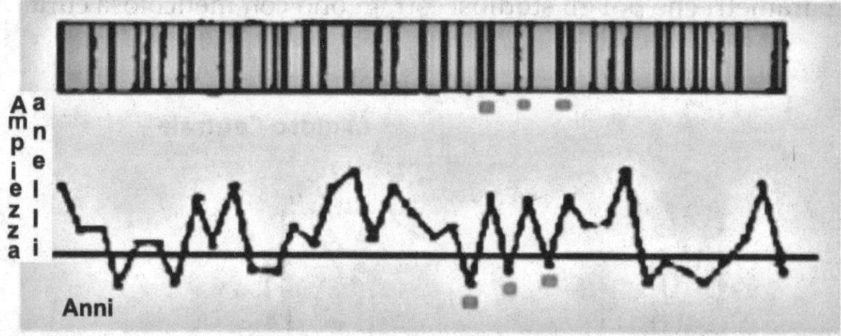

Da più di un secolo questo tipo di analisi ha consentito agli studiosi di incrociare i dati tra le carote di ghiaccio viste in un precedente capitolo e gli anelli degli alberi, aggiungendo precisione e corrispondenza a quanto descritto negli archivi di ghiaccio soprattutto in Groenlandia.

Segue la sezione di un albero con la semantica dei vari anelli da cui si traggono informazioni utili nel tempo

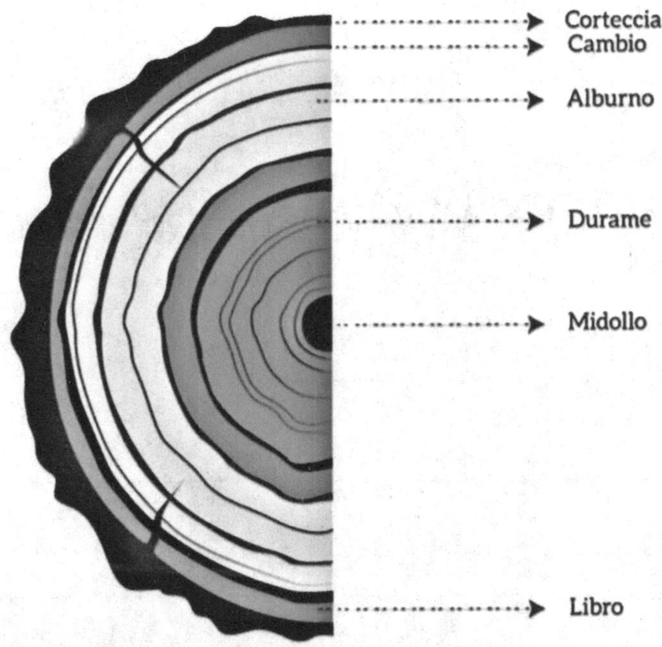

Con queste tecniche è possibile sovrapporre più campioni tratti da alberi di diversi periodi e così rilevare i dati atmosferici anche di duemila anni.

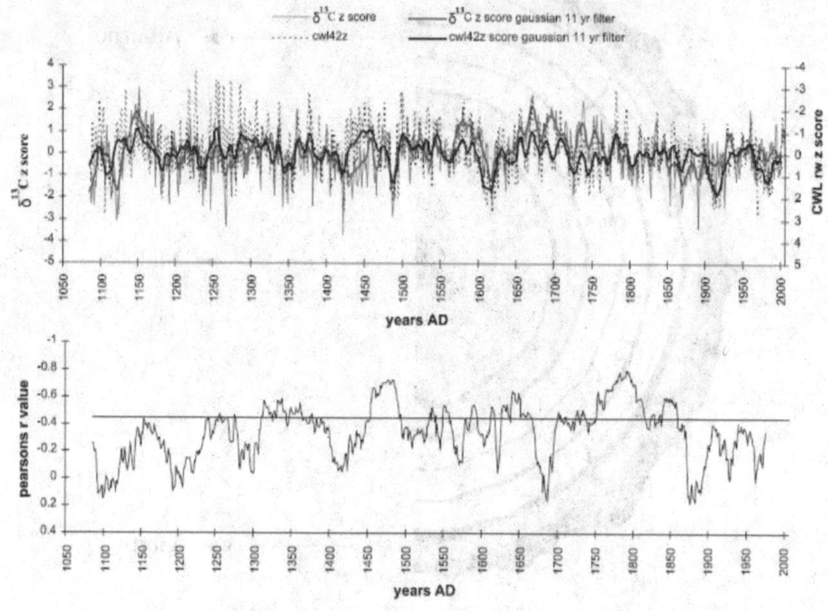
δ13C z score
δ13C z score gaussian 11 yr filter
cwl42z
cwl42z score gaussian 11 yr filter
δ13C z score
CWL rw z score
years AD
pearsons r value
years AD

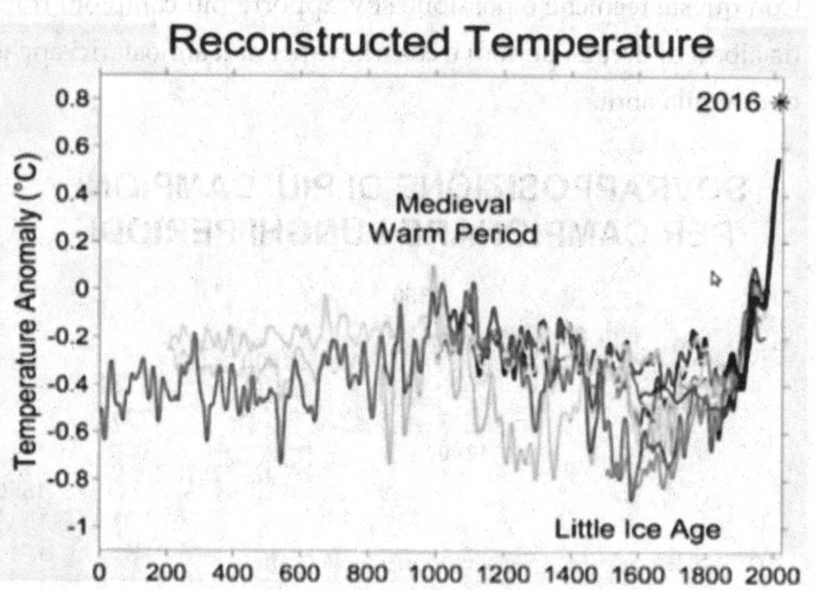
Reconstructed Temperature
Temperature Anomaly (°C)
2016
Medieval
Warm Period
Little Ice Age

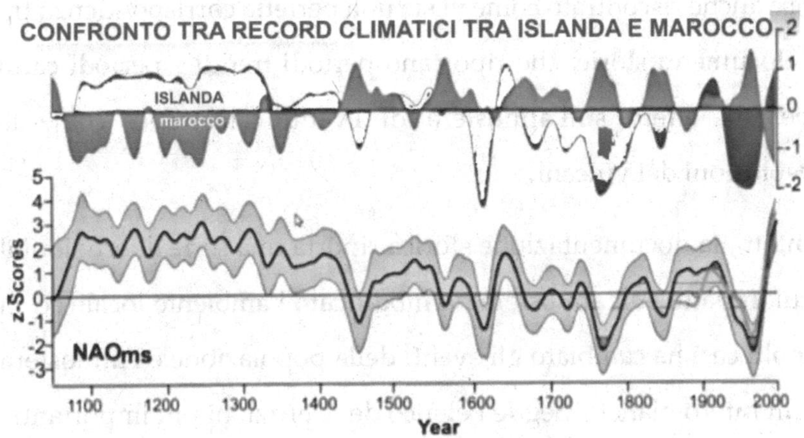

Perfetta è poi la corrispondenza degli anelli con i periodi molto freddi che videro gelato il mare nella laguna di Venezia.

Cronologia delle gelate della laguna veneta

IX Secolo: 853, 860
X Secolo: nessuna gelata
XI Secolo: nessuna gelata
XII Secolo: 1119, 1123
XIII Secolo: 1234
XIV Secolo: nessuna gelata
XV Secolo: 1432, 1443, 1475, 1476, 1487, 1491
XVI Secolo: 1515, 1549, 1561, 1569, 1595
XVII Secolo: 1603, 1684
XVIII Secolo: 1709, 1716, 1729, 1740, 1747, 1755, 1789, 1795
XIX Secolo: 1814, 1855, 1864
XX Secolo: 1929, 1956, 1985
XXI Secolo: 2012

Si è anche riscontrato come vi sia una perfetta corrispondenza tra i documenti storici che riportano periodi freddi e periodi caldi per gli effetti sull'atmosfera di eventi catastrofici come le esplosioni dei vulcani.

Infatti, la documentazione storica riporta una serie di eruzioni il cui impatto sull'atmosfera ha modificato l'ambiente locale ed in molti casi ha cambiato gli eventi della popolazione e l'atmosfera sull'intero pianeta. Segue l'elenco delle eruzioni più importanti.

Hunga-Tonga (2022). Eruzione sottomarina la cui nube eruttiva ha raggiunto il diametro di centinaia di chilometri e un'altitudine di trenta chilometri.

Eyjafjallajökull, Islanda (2010). ha creato seri problemi alla navigazione aerea in Europa, paralizzando il traffico aereo.

Nevado del Ruiz, Colombia (1985). Il calore provocò lo scioglimento dei ghiacciai, dando luogo a colate di fango, mista a prodotti vulcanici, che seppellì la cittadina di Armero, uccidendo tutti i suoi abitanti.

Saint Helens, USA 1980. Ha colpito con cenere e lapilli un'ampia area dello stato di Washington. Una eruzione esplosiva, la più grande mai verificatasi nei 48 stati continentali americani.

Mount Pelee, Martinique (1902). L'intero vulcano si sbriciolò liberando una gigantesca nuvola nera incandescente che distrusse la città di Saint Pierre e tutti i suoi abitanti.

Krakatoa, Indonesia (1883). Esploso con una potenza equivalente a 200 megatoni. Ha provocato uno tsunami con onde alte 40 metri che fecero il giro del mondo per sette volte. Morirono 36.000 persone. L'atmosfera fu oscurata per due anni e tutto il mondo subì le conseguenze con carestie e freddi invernali.

Tambora, Indonesia (1815). L''eruzione vulcanica più potente dell'ultima era glaciale. Ha immesso nell'atmosfera cento chilometri cubici di polvere e cenere e centocinquanta miliardi di metricubi di roccia. Perirono molte persone subito e per fame per le carestie seguite dal cambiamento climatico provocato in tutto il mondo. L'anno seguente diverrà "l'anno senza estate".

Unzen, Nagasaki, Giappone (1792). L'enorme esplosione procurò la morte a 15.000 persone e provocò uno tsunami con onde gigantesche. La colonna eruttiva salì nell'atmosfera fino ad a 24 km epositò cenere in 11 stati americani e in due province canadesi.

Etna, Italia (1669). Si aprì con un tremendo boato e la lava fuoriuscita coprì una vasta area giungendo fino a Catania.

Vesuvio, Italia (79 d.C.). Il notissimo evento storico che distrusse Pompei, Ercolano ed un'ampia regione intorno al vulcano i cui fatti storici ci sono stati descritti dallo storico Plinio il Giovane.

Thera, Santorini, Grecia (1627 a. C.). L'esplosione dell'isola vulcanica generò uno tsunami alto tra 35 e 150 metri che devastò Creta ed altre coste nel Mediterraneo, e pose fine alla cultura Minoica e cambiando il clima per mesi a seguire.

Clima ed evoluzione umana

Dedotto dalla conferenza del Prof. Telmo Pievani, Università di Padova

Le variazioni del clima sono state fondamentali anche per capire l'evoluzione nei sei milioni di anni che ci riguardano direttamente come specie. La materia fa parte della "**Paleontologia**" che studia in generale la storia degli esseri viventi nel passato.

Per quanto ci riguarda nello studio degli effetti su di noi del clima in realtà ci riferiamo in questo capitolo, più specificamente, all'**evoluzione umana** che, in base alle più recenti ricerche, si fa appunto risalire a sei milioni di anni fa con l'apparire in Africa dell'antenato comune tra noi e lo scimpanzè, cugino questo della nostra specie.

È nei cambiamenti climatici avvenuti nei due milioni di anni che ne sono seguiti che hanno comportato profonde modifiche ambientali dividendo zone umide da zone secche e creando così nicchie evolutive diversificate in cui si sono sviluppate le prime differenze morfologiche fondamentali che hanno iniziato a plasmare i primissimi nostri antenati detti "**Ominidi** ".

Questi individui con tendenze ad utilizzare posture erette cominciavano a presentare caratteristiche che si allontanavano da quelle degli scimpanzè e di cui si sono ritrovate tracce scheletriche nell'Africa nordoccidentale e tra questi si sono dati i nomi di **"Sahelanthropus Tchadensis" e di "Orrorin Tugenensis",** appunto facenti parte degli "**Early Hominins**" i cui resti si trovano nei nostri musei.

Un'ipotesi su questa differenziazione è che sia stata creata dalle diverse situazioni climatiche tra l'Africa nord ovest e l'Africa nord est separate dalla faglia che parte dal mar Rosso e taglia tutta l'Africa fino al Sudafrica.

La zona più secca a nord est, dove i nostri antenati si sono diversificati, avrebbe spinto la loro evoluzione adattandosi ad un territorio che richiedeva modifiche morfologiche, come stare più eretti, rispetto agli scimpanzè rimasti a nord ovest.

Segue l'immagine del teschio di un **Ardipithecus Ramidus Kadabba** risalente all'epoca e presente al museo di antropologia dell'Università di Padova che presenta alcune delle caratteristiche verso di noi come dalla ricostruzione fatta.

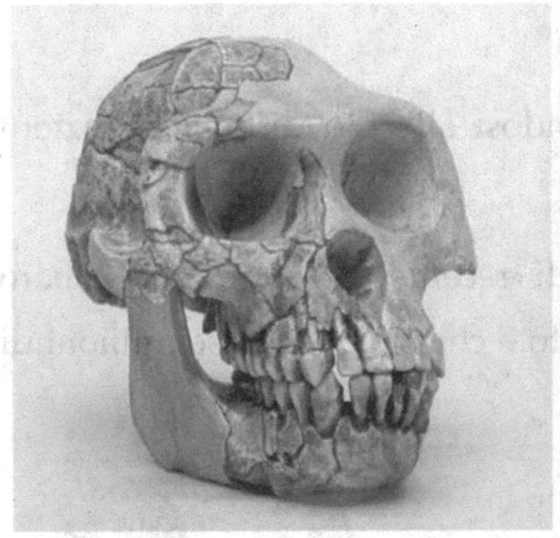

Allineando i reperti presenti nel museo precedenti all'**Homo Sapiens**, ultima fase a cui noi partecipiamo oggi, abbiamo un esempio eloquente nella prossima immagine.

Dal reperto più in basso all'ultimo in alto sono passati oltre quattro milioni di anni e una grande variabilità di ambienti e climi globali sulla Terra.

In quei milioni di anni i nostri lontanissimi antenati hanno attraversato innumerevoli cambiamenti climatici, da freddi estremi a caldi torridi ed una volta usciti dall'Africa hanno invaso l'intero pianeta adattandosi alle più difficili situazioni ambientali.

I paleontologi sono riusciti di recente a fornirci un albero genealogico abbastanza accurato e che spazia ben sei milioni di anni di evoluzione umana.

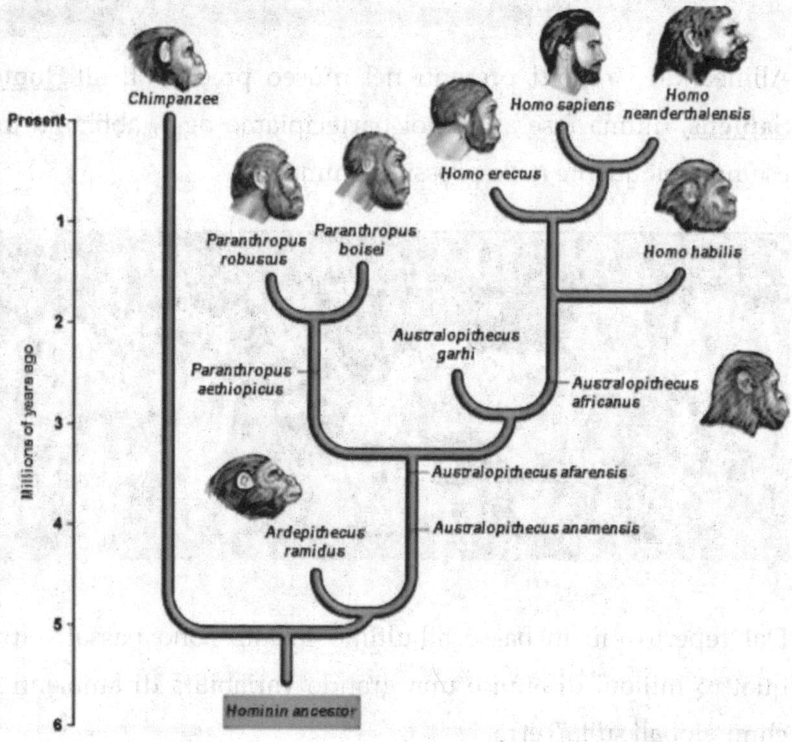

L'evoluzione umana non è lineare ma è come un cespuglio di rami che si dividono, crescono, si estinguono e si ricongiungono coprendo territori sempre più vasti e con ambienti climatici sempre diversi e adattandovisi.

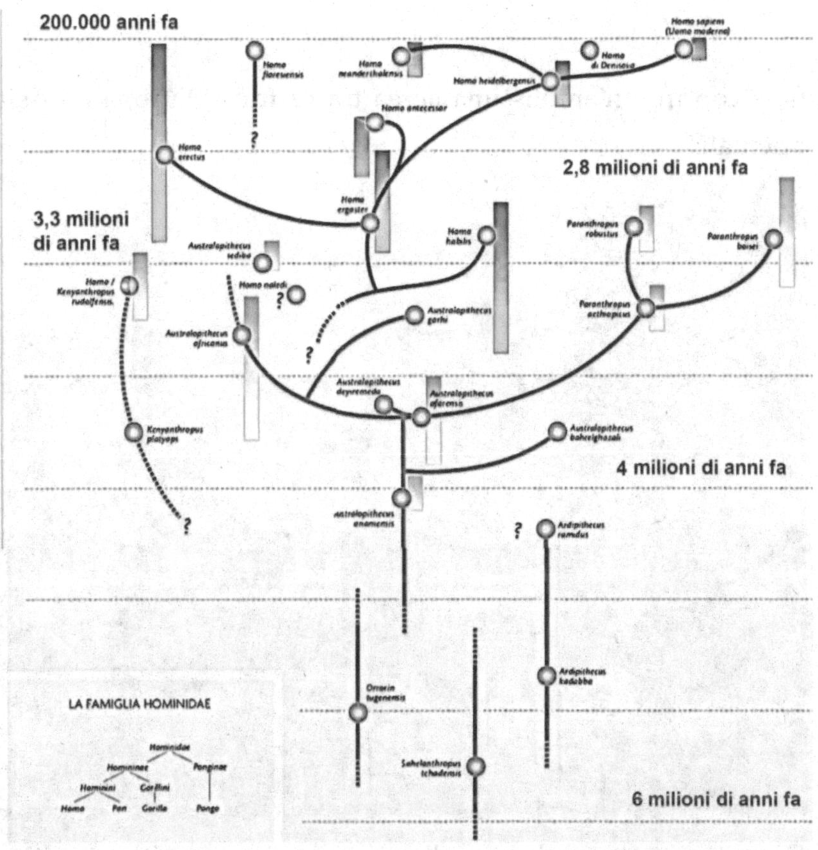

La lenta espansione umana al di fuori dell'Africa meno di due milioni di anni fa ha prodotto una diaspora di tipi umani che hanno occupato nelle centinaia di migliaia di anni tutta l'Eurasia modificandosi e adattandosi a climi estremamente diversi ed aumentando il volume cerebrale che arrivò a superare il chilogrammo.

Queste aumentate capacità intellettive si sono aggiunte alle modifiche che l'ambiente provocava ai loro corpi e con queste migliorate capacità sono giunti, intorno agli ottocentomila anni fa, a coprire un'amplissima aerea tra l'Africa l'Europa e l'Asia orientale.

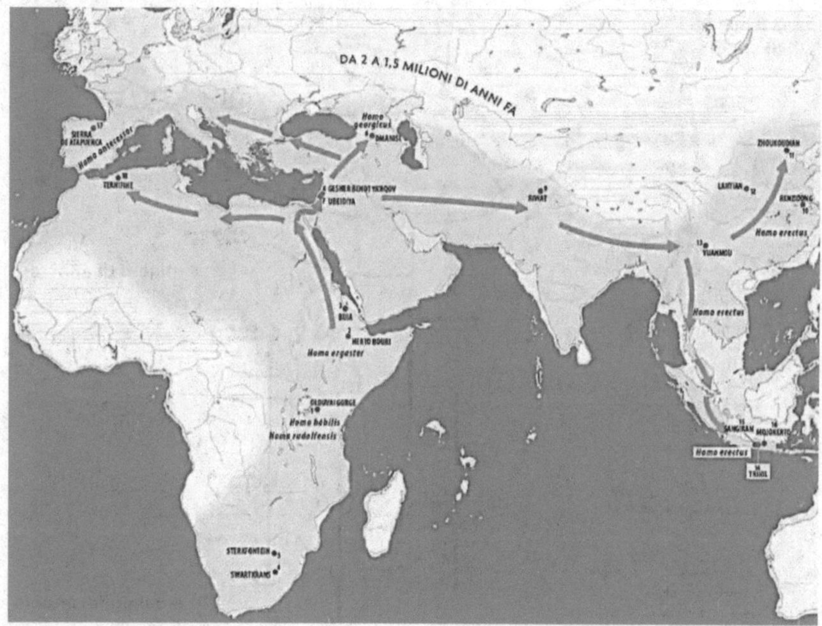

Durante queste evoluzioni l'uomo acquisì capacità cognitive inesistenti prima della loro uscita dall'africa potendo così realizzare efficaci strumenti di pietra e cacciare con più efficacia, anche in gruppi.

È così che nasce l'uomo di Neanderthal in Europa occidentale come risultato di una "**speciazione geografica**", cioè quel fenomeno evolutivo quando una specie isolata in un'area particolare si differenzia morfologicamente dalle specie rimaste in altre aree.

Questa evoluzione geografica stimolata dalla situazione ambientale ha, per esempio, dato origine a delle nuove specie nane per scarsità di cibo in isole indonesiane (isole della Sonda)) durante una glaciazione con oceani più bassi di oltre cento metri del livello attuale.

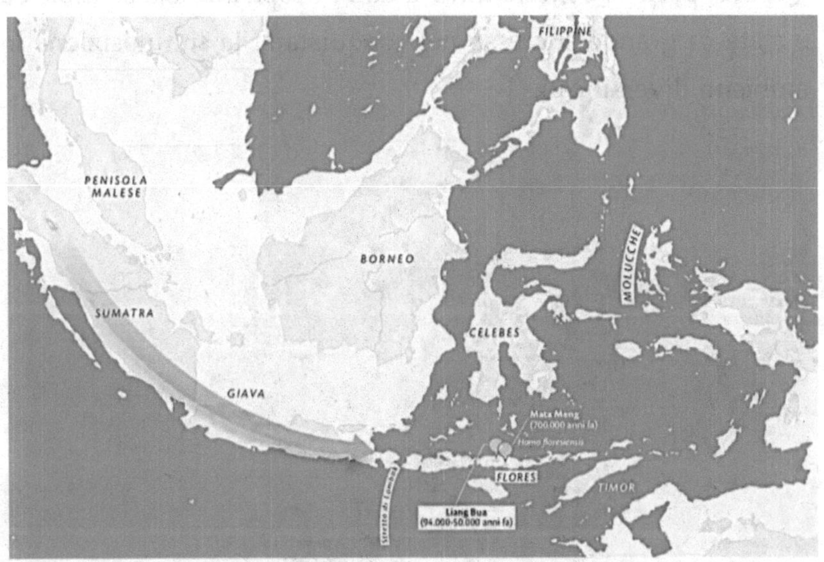

L'Uomo di Denisova, diffusosi nell'Asia centrale circa 600.000 anni fa, lo conosciamo per averne sequenziato il DNA comprendendo così che forse è stata una specie diffusasi in un'area molto più ampia dell'Asia occidentale e dell'Indonesia.

Per quanto riguarda l'Europa ecco che appare circa 300.000 anni fa l'uomo di Neanderthal, scientificamente Homo Neandertalense, nostro stretto cugino, scoperto nella valle di Neanderthal vicino a Düsseldorf in Germania.

Il Neanderthal aveva un cervello molto grande che arrivava a 1.700 centimetri cubi, quindi più del nostro, ma con una forma più allungata e piatta.

Questa specie si è molto diffusa dall'Europa all'Asia centrale ed è stata di grande successo nel conquistarsi la sua posizione in ambienti diversificati.

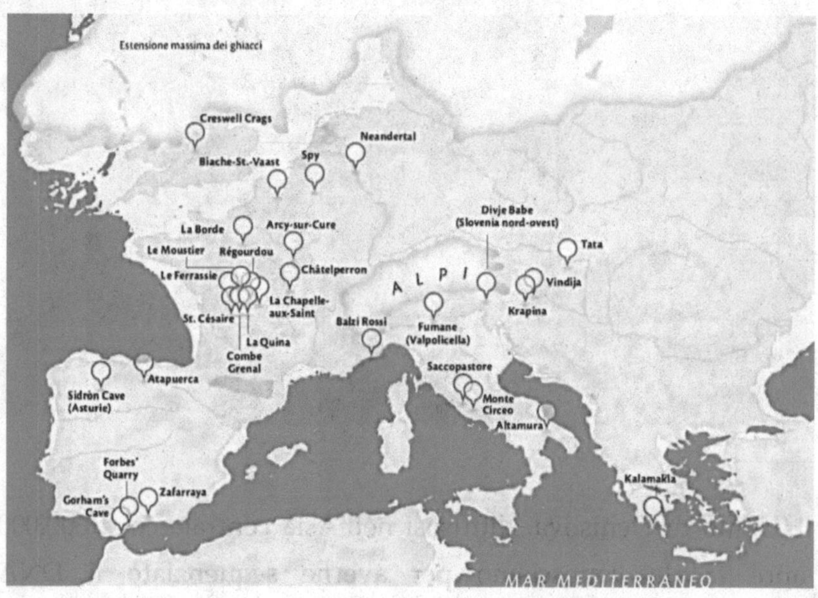

Questo nostro parente ha sviluppato una nuova tecnologia molto avanzata che poi sarà anche a disposizione dell'homo sapiens a cui noi apparteniamo e che uscirà dall'Africa in un secondo tempo.

I Neanderthal hanno vissuto e si sono espansi attraverso diverse ere glaciali. Ricordiamo infatti che nell'ultimo milione di anni vi sono stati sette periodi glaciali ed interglaciali.

È ai Neanderthal che si fa risalire il vantaggio evolutivo di comportarsi in gruppo sia per la caccia che per la difesa del gruppo di appartenenza, dimostrando così cooperazione, coordinamento sociale, capire i comportamenti degli animali e, probabilmente, avevano raggiunto la capacità di comunicare con metodologia simbolica, usando parole e creando raffigurazioni come dimostrano conchiglie lavorate per fare ornamenti e seppellire i corpi in modo rituale.

Reperti recenti in grotte spagnale fanno risalire a 60.000 anni fa la loro presenza in quell'area e la loro capacità artistica analizzando l'arte rupestre ben visibile in quelle grotte.

Appare quindi evidente come l'homo sapiens abbia convissuto con i Neanderthal in Europa ed in Asia fino ad almeno 40.000 anni fa e poi si è estinta.

I paleontologi fanno risalire a 200.000 anni fa l'origine dell'homo sapiens sorto nell'Arica centro-orientale (Etiopia, Kenya, Tanzania) da dove poi, uscendo dall'Africa come i suoi antenati, si è rapidamente espanso sfruttando le sue notevoli capacità di capire e sfruttare l'ambiente.

L'intera Eurasia, Africa e le zone sub asiatiche, fino all'Australia, sono state conquistate grazie anche alle glaciazioni che avevano creato corridoi percorribili con l'abbassamento degli oceani.

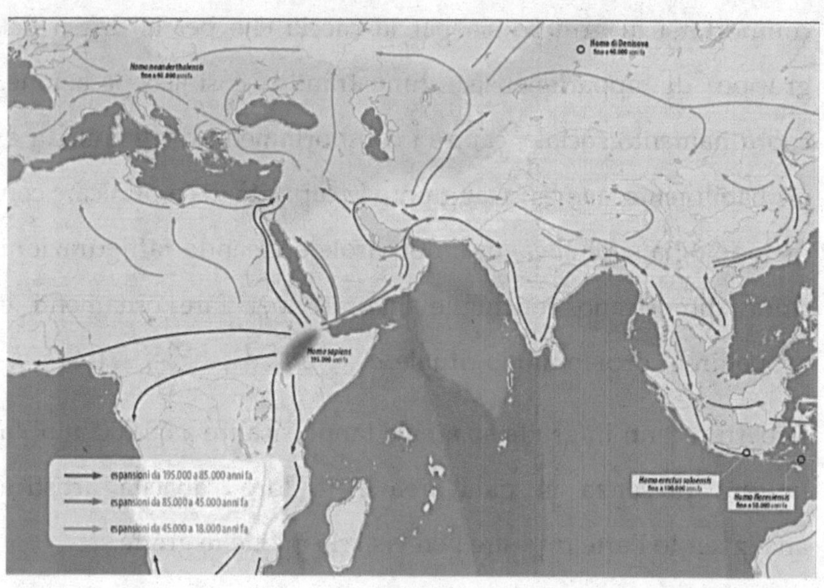

Dalle analisi del DNA oggi si sa che homo sapiens e Neanderthal erano geneticamente compatibili e quindi è certo che in parte le due specie si sono fuse ed oggi portiamo nel nostro DNA tracce di questa fusione avvenuta 30-40.000 anni fa.

Recentemente gli antropologhi ci informano che si sono trovate ben tre uscite di homo sapiens dall'Africa di cui l'ultima circa 70.000 anni fa che fondendosi con le precedenti e sviluppando intelligenti comportamenti e capacità evolute di gestirsi, sono arrivate fino in Australia attraversando in epoca glaciale un braccio di mare molto più ristretto dell'attuale.

Analogamente con i ghiacci che univano Asia e le Americhe e tra i 20.000 ed i 25.000 anni fa, durante l'ultima glaciazione, siamo giunto in nord America partendo dalla Siberia e da lì ci siamo espansi fino all'attuale Sudamerica.

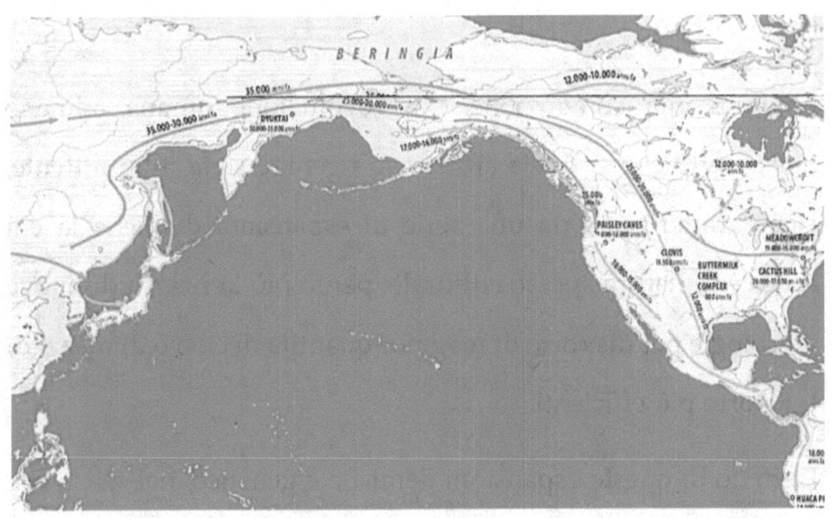

Concludendo, il fattore che ha maggiormente caratterizzato l'evoluzione umana è la migrazione. I movimenti di individui, di gruppi e di intere popolazioni causati da un'innovazione biologica o culturale che in un primo tempo favorisce l'aumento della popolazione nel luogo dove si verifica e, in un secondo tempo, quando il carico demografico eccede la capacità del territorio e modiche del clima provoca uno spostamento lento, di una parte della popolazione alla ricerca di nuovi territori.

Questo meccanismo prende il nome di "**espansione demica**" e si distingue dalla semplice migrazione, che di per sé non implica un processo di crescita.

Da un esame particolareggiato della struttura genetica di tutte le popolazioni di cui siano disponibili dati di frequenze geniche si è giunti alla convinzione che l'evoluzione umana, almeno nell'aspetto che si rivela attraverso i geni, è stata intermittente, cioè caratterizzata da una serie di espansioni demiche la cui causa è di natura spesso culturale: per lo più la ricerca di nuove tecnologie per disporre di maggior quantità di cibo o di mezzi di trasporto più efficienti.

L'effetto di queste espansioni demiche è genetico, nel senso che ancora oggi si possono ricostruire le tracce di quelle onde di spostamento nella distribuzione non casuale dei geni portati dai discendenti delle popolazioni coinvolte nelle espansioni.

La diversità biologica della nostra specie si esprime quindi in una geografia di geni che riflette processi prevalentemente culturali di origine preistorica e storica.

Le espansioni demiche che hanno potuto maggiormente influire sulla nostra diversità genetica sono quelle avvenute in epoca preistorica, soprattutto durante il Paleolitico e il Neolitico, epoche in cui la densità di popolazione era così ridotta da rendere prevalente l'effetto della deriva genetica su tutte le altre pressioni evolutive, compresa quelle climatiche.

Clima dalla preistoria alla storia antica

<u>14.700 anni fa</u>. Ci avviciniamo alla preistoria ed a questo periodo gli studiosi fanno risalire l'estinzione dei grandi mammiferi preistorici, detti "**<u>megafauna</u>**" attribuendone la causa ai cambiamenti climatici. Praticamente nel Nordamerica, e non solo, ogni animale al di sopra dei 50 chilogrammi si era estinto per cambiamenti che devono ancora essere chiariti completamente.

I climatologi ritengono che si trattasse della parte finale della transizione ad un periodo interglaciale iniziato con il massimo della glaciazione 25.000 anni fa, mentre altri studiosi ne contendono la motivazione con il potere distruttivo dell'homo sapiens, diffusosi in tutto il mondo a quella data.

Uno studio recente sul clima basato sul metodo **<u>Radiocarbon-dated Event-Count</u>** ha accertato come 14.700 anni fa fosse iniziato un periodo caldo seguito da una rapida glaciazione, con una punta intorno a 12.900 anni fa, creando condizioni climatiche quasi polari. Probabilmente furono tutti quei fattori che insieme provocarono quelle estinzioni.

<u>10.000 anni fa</u>. Questa è la data a cui si fa risalire la preistoria, un periodo in cui l'homo sapiens sfruttava le sue capacità intellettuali in grado di elaborare concetti e quindi di ingegnarsi nel produrre oggetti utili alla sua vita ed alla sua difesa, contemporaneamente a costruire ambienti artificiali come le capanne sulle palafitte, per proteggersi dall'acqua e dagli animali.

È l'affermarsi della specie da cui noi oggi deriviamo, l'homo sapiens, che ha invaso da tempo l'intero pianeta con le sue migrazioni, partendo dal triangolo che comprende i grandi laghi africani, l'alto Egitto e la costa del Golfo di Aden.

Il deserto del Sahara nell'epoca preistorica era pervaso da laghi e fiumi, foreste temperate con un ecosistema animale e vegetale ricchissimo di specie.

Siamo al centro di un periodo interglaciale e l'uomo emigra verso nord ed attorno al 9.000 a.C. lo si trova fino allo stretto di Bering, allora transitabile sia per il livello più basso degli Oceani che per la regressione dei ghiacci.

La colonizzazione delle Americhe fu rapida, ma solo dopo il 6.000 a.C. perché un improvviso raffreddamento del clima e la devastazione delle coste a seguito del cataclisma che ha distrutto il lago Agassiz, che occupava gran parte dell'attuale Canada.

Gli eventi climatici, che hanno completamente alterato l'ambiente tra la costa atlantica Nordoccidentale e il Nord Europa li si deve al sistema di distribuzione del calore attraverso le correnti marine che regolano le temperature dell'intero pianeta, permettendo la vita ed attutendo gli sbalzi termici.

Dopo l'ultima glaciazione, il rialzo termico fu notevole e distribuito dalle grandi correnti marine. Circa 12.000 anni fa i ghiacci, nel Nord Atlantico, fondevano rapidamente proprio per le correnti calde marine e queste fusioni crearono i grandi mari d'acqua dolce interni come il Mar Caspio, il Mar di Aral, il Mar Nero e nel nord America il lago Agassiz, che occupava l'odierna grande pianura canadese di Manitoba.

Un antico mare interno è oggi sostituito da una miriade di laghi e paludi che si trovano tra i grandi laghi e le catene occidentali del Nordamerica e costituiscono un ricco sistema ecologico. I dati geologici dimostrano che l'antico mare interno era arrivato ad oltre 40 metri sul livello del bacino di scorrimento del fiume San Lorenzo che versava le sue acque nel Nord Atlantico.

Questo gigantesco mare interno scaricava le sue acque anche lungo il fiume Mississippi alimentando le immense paludi del Sud, la stessa area che oggi è costituita dalla Luisiana e dalla Florida, per poi scaricarsi nel Golfo del Messico.

<u>**9.000 a. C.**</u> La barriera che separava il grande mare interno del Nordamerica si ruppe ed una grande massa d' acqua fredda e dolce si riversò nell'Oceano Atlantico creando onde altissime che imperversarono sulle coste di entrambe le sponde dell'Atlantico e generando un rapido sollevamento del livello delle acque con irruzione nel Mediterraneo di correnti fortissime e conseguente sfondamento dei Dardanelli con travaso della piena nel Mar Nero che così divenne salato.

Studi recenti con l'impiego di tecniche di datazione molto sofisticate, basate sugli isotopi rilevati nei reperti fossili, hanno rilevato che, in meno di cento anni da quell'evento, il gelo e l'ecosistema glaciale avevano nuovamente coperto il Nord Europa e Nord America.

Per quasi mille anni vi fu un nuovo avanzamento glaciale con interruzione delle vie di espansione del Nord Ovest dell'America; le popolazioni migranti, così bloccate, rimasero ancora oltre lo stretto di Bering, isolando nel continente americano quei nuclei umani che li avevano preceduti per oltre 5.000 anni prima di poter rivedere le ultime migrazioni dall'Asia. In Europa questo raffreddamento bloccò ogni espansione verso la Scandinavia, ma gettò le premesse per la stabilizzazione di molte popolazioni nel più mite bacino Mediterraneo, nelle pianure ricche di acque della Mesopotamia e lungo le sponde del Nilo, ricche d'ogni risorsa.

<u>8.000 a. C.</u> Termina in soli 20 anni la nuova parziale glaciazione per effetto della modifica delle correnti marine messicane calde che influenzerà anche l'intera Europa.

Dal 9.000 al 6.000 a. C. Nel deserto del Sahara, al centro delle catene montuose che separano la Libia dall'Algeria, si sono ritrovati numerosi graffiti a testimonianza della vita di quelle popolazioni e l'evolversi dell'ecosistema locale con raffigurazioni di scene di caccia a grandi erbivori. Ricordiamo che circa 8.000 a.C. fu fondata la città di Gerico, che con le sue imponenti mura di pietra e le sue case di mattoni e tegole, si ritiene sia la città più antica del mondo, insieme a Damasco.

Dal 6.000 al 3.000 a.C. La raffigurazione dei graffiti cambia, testimoniando la caccia ad animali della Savana

Dal 3.000 al 1.500 a.C. Le raffigurazioni dei graffiti riportano armenti allevati. Gli antichi papiri egizi, che trattano della storia dei Faraoni, ci descrivono una terra non certo tormentata dalla sete o dalla carestia, ma di un periodo dove la terra ed il cielo erano benevoli ed a loro disposizione.

Nel quarto millennio a. C. i fossili ci dicono che la piovosità sui monti a Nord della Mesopotamia era molto consistente tanto da garantire la presenza di vaste foreste nonostante il degrado operato dagli insediamenti umani a partire dal 7.000 a. C. Il periodo di siccità seguente costrinse gli abitanti ad inventarsi l'irrigazione che poi troverà il massimo splendore millenni più tardi, ai tempi di Babilonia.

3.000 anni a. C. Testi originali scritti fanno risalire a questa data la **storia della nostra civiltà**. Il clima era più freddo ed asciutto rispetto ad oggi per cui la pianura mesopotamica abitata dai Sumeri necessitava di irrigazione per garantire i raccolti. Il Tigri e l'Eufrate, grandi fiumi del Medioriente, erano in fase di escavazione del loro stesso alveo per l'aumentata velocità delle acque costrette in spazi più ridotti.

Vaste foreste si estendevano sulle montagne della Persia e dell'Anatolia ed in pianura ottime erano le condizioni per l'agricoltura. Fu così che con questa situazione climatica, in una fascia intorno al trentesimo parallelo, nasce l'agricoltura. Grandi civiltà si sviluppano intorno ai fiumi, dette per questo **potamiche**, come nella Mezzaluna Fertile, in Egitto, in India, in Cina, nel Messico e nelle Cicladi. Con quel clima ed una rigogliosa agricoltura fiorirono città ed imperi che accoglievano masse sempre più numerose di uomini e animali.

L'Egitto rappresenta meglio di ogni altra questa favorevole situazione: in meno di un secolo i due regni dell'alto e basso corso del Nilo si unirono, ed iniziò il periodo delle grandi opere con piramidi, sfinge, templi, città e canali navigabili. È in questo periodo di sette secoli che si verifica la irreversibile desertificazione del Sahara, all'inizio più simile ad una savana che a un deserto.

Dal 2.700 a. C. Il clima si è riscalda di almeno due o tre gradi in più, il deserto si espande velocemente fino alle zone coltivate, lasciando solo alcune aree verdi, le oasi. Molti popoli si spostano verso terre con climi migliori mentre l'Egitto, indebolito dalle carestie, viene invaso dagli Hyksos, tribù nomadi desiderose di terre coltivabili.

In Mesopotamia nasce la civiltà dei Babilonesi che costruiscono perfetti sistemi irrigui, mentre in Egeo i Minoici, grandi navigatori, trasformano Creta e Tera (oggi Santorini), in isole con magnifiche città.

In Cina nuovi popoli e dinastie si impadroniscono del grande impero cinese, mentre in America fioriscono i popoli andini, favoriti dall'ottimo clima e dall'abbondanza di acqua.

La civiltà Minoica è al massimo del suo splendore quando, tra il 1.627 a.C. e il 1.600 a.C., l'attività eruttiva fa collassare la caldera del vulcano Tera che improvvisamente esplode: l'isola di Santorini è squarciata, provocando morte e distruzione in tutto l'Egeo. Probabilmente continui terremoti avevano già in precedenza indotto gli abitanti di Santorini ad abbandonare l'isola poiché negli scavi archeologici non sono stati trovati né corpi, né gioielli, ma le conseguenze si sono manifestate in luoghi più lontani. L'enorme voragine, profonda 400 metri e larga diversi chilometri che si creò in mare, provocò un maremoto di proporzioni spaventose sulle coste di tutto l'Egeo ed il Mar Libico, con devastazioni soprattutto a Sud, verso il delta del Nilo. Lo stesso maremoto colpì Creta e la maggior parte dei minoici perì nella fredda notte del cataclisma finale, inghiottita dalle onde o soffocata dai gas, mentre pochi riuscirono ad emigrare in Egitto, in Libia ed in Grecia. Grandi masse di ceneri e gas fecero aumentare l'effetto "serra" sul bacino del Mediterraneo, incrementando il riscaldamento del ciclo climatico già in atto.

Quel cambiamento climatico indotto dall'eruzione durò un secolo prima che l'area distrutta potesse ritornare abitabile e così genti dal nord della Grecia si sostituirono ai micenei in quelle isole.

Da quanto visto appare come nell'evoluzione dei popoli il clima sia stato molto più determinante delle stesse guerre che, pur modificando il corso della storia, non hanno avuto un analogo impatto.

Dal 1.500 al 500 a.C. Le raffigurazioni si modernizzano e descrivono dromedari e cavalli, come nelle immagini che appaiono nelle pitture degli Egizi.

Alcuni cambiamenti climatici preistorici hanno sicuramento avuto effetti catastrofici per le comunità di allora. Le migrazioni seguivano direttrici vicine alle coste ed ai corsi d'acqua ed in quei luoghi creavano insediamenti per disporre di acqua. Un cambiamento provocato dalle correnti marine, come quello descritto, ha spazzato via molti insediamenti umani formatisi per migrazione sia nel Nord America che nel bacino del Mar Nero, centro di diramazione di tutte le stirpi indo-europee.

1.100 a. C. Inizia un nuovo periodo freddo con meno spostamenti e concentrazioni nelle città dando sviluppo ai grandi regni, dagli Etruschi ai Fenici, dagli Ebrei ai Greci e, nelle Americhe, agli imperi precolombiani. E, come sempre, l'homo sapiens, dovette affrontare numerose guerre per conquistare territori altrui.

Primo secolo a. C. in un clima molto favorevole per l'Italia nasce e si sviluppa l'Impero Romano: con un territorio ricco di boschi, acque dolci e selvaggina abbondante, attingendo alla cultura etrusca, acquista una posizione preminente nel Mediterraneo.

Terzo secolo d. C. Dopo tre secoli di splendore in un clima ideale, l'impero di Roma subisce un attacco barbarico dal nord Europa, a causa di un brusco cambiamento climatico che, raffreddando le zone nordiche, spinse i suoi abitanti a cercare siti più vivibili a sud. Popoli affamati e forti dettero un colpo mortale al potere centrale di Roma, che provocò anche una fusione tra popoli diversi proprio mentre si stava affermando il cristianesimo che favoriva l'accettazione reciproca tra popoli.

Contemporaneamente nelle Americhe si sviluppava la civiltà dei popoli **Maya**, per poi scomparire nel sesto secolo d.C. I Maya scomparvero lasciando intatte case, monumenti, suppellettili e quant'altro, senza segni di catastrofi, guerre. Dai testi Maya si è appreso come quel popolo suddividesse la vita stessa in cicli ove abbondanza e carestia erano legati ai grandi cicli astrali ed al sole, con segnali che venivano interpretati dai loro sacerdoti che, sentendosi parte integrante della natura, dagli eventi naturali traevano auspici e ammonimenti per il loro futuro.

A differenza del nostro mondo non cercavano rimedi alle avversità, ma si abbandonavano alle stesse con subordinata accettazione. Questa religiosità, accompagnata dalla grande siccità di quel periodo, fu fatale per la natalità e la loro sopravvivenza per cui, convinti che la siccità fosse dovuta ad una realtà divina da accettare, non furono spinti ad emigrare e a trovare soluzioni di sopravvivenza altrove. Senza più acqua e cibo, il clima, quindi, fu la causa della loro rapida estinzione, lasciarono templi e monumenti al loro posto come oggi noi li ritroviamo. Il clima, quindi, fu sì, la principale causa della loro rapida estinzione, anche se fu l'avvento degli Spagnoli a provocare la scomparsa completa di quel popolo ormai indebolito.

Russia e la Northern Sea Route

Prima di passare alle conclusioni non posso fare a meno di menzionare qui una ricerca che ho effettuato nella preparazione di un mio articolo sull'industria Russa del gas.

Ho così potuto verificare come il riscaldamento globale in realtà possa favorire qualche Paese, come appunto la Russia, che ne ha previsto l'ineluttabilità da molto tempo, nonostante tutte le chiacchiere di mezzo mondo.

Mentre da decenni con le varie COP si proponevano costose soluzioni per evitare il riscaldamento globale, senza poi applicarle, c'è chi ora ne sta traendo innegabili vantaggi, la Russia ed il ritiro dei ghiacci polari che la favorisce.

Il riscaldamento che, come abbiamo visto nei capitoli precedenti, è ormai in atto ha aperto quella che viene chiamata la "Northern Sea Route", una rotta che consente ad una nave, che parte dal porto di Dalien nel nord della Cina, di raggiungere Rottedam in 33 giorni anziché i 50 necessari attraverso la rotta tradizionale a sud.

NORTHEN SEA ROUTE

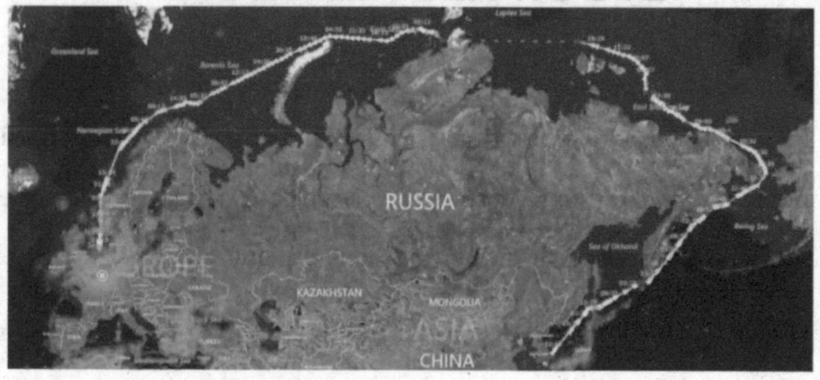

Con la nuova rotta artica la Russia prevede di gestire un traffico di 160 milioni di tonnellate entro il 2035.

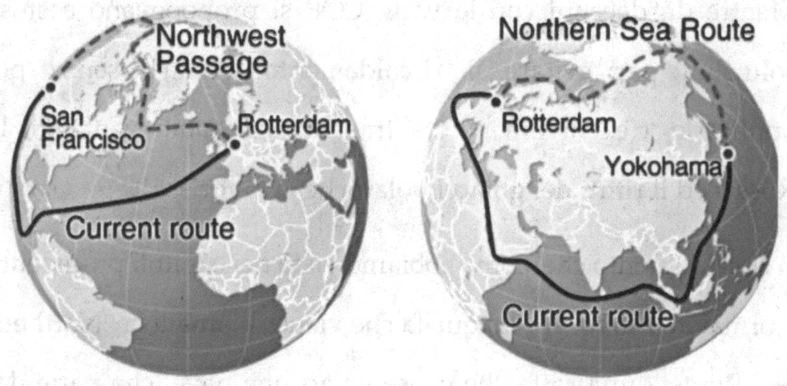

In quei gelidi luoghi dell'artico russo è già in funzione un gigantesco stabilimento per la liquefazione del metano della Yamal LNI del costo di 27 miliardi di dollari, destinato a rivoluzionare il mercato mondiale del gas naturale, con una produzione di 16,5 milioni di tonnellate all'anno e destinato a crescere.

Per trasportarlo, attraversando parte delle zone ghiacciate durante il periodo invernale, i russi sfruttano gigantesche gasiere rompighiaccio atomiche ed a gas in grado di spezzare spessori fino a quattro metri di ghiaccio di cui la gasiera Christophe de Margerie è un bell'esempio.

Christophe de Margerie

TYPE OF VESSEL: ARCTIC LNG CARRIER, Capacity: 172.600 m^3

TYPE OF WORK DONE: Outline design, Ice Model Tests

YEAR: 2014

CUSTOMER: DSME

BUILDER: DSME

LENGTH: 299 m

BREADTH: 50 m

DRAUGHT: 11.7 m

PROPULSION: 3 x 15 MW

ICEBREAKING CAPACITY: 2.1 m level ice (astern)

ICE CLASS: Arc 7

OWNER: Sovcomflot, Mitsui OSK Lines, Teekay Shipping, Dynagas

Grazie al disgelo l'intenzione dei decisori russi è di percorrere la rotta artica tutto l'anno utilizzando anche 41 rompighiaccio per raggiungere presto 80 milioni di tonnellate trasportate.

Mentre in Europa si discute come procedere con le decisioni della COP26 e se finanziare il nucleare e/o utilizzare il gas naturale, a nord, nel lontano artico, è entrata in funzione una grande centrale elettrica atomica montata su una gigantesca chiatta mobile e che alimenta Pevek, una città nella remota regione artica dallo strano nome di Chukotka.

E così, mentre il resto del mondo si perdeva in annuali discussioni, i russi hanno realizzato quanto ora il mondo Occidentale dovrà acquistare per la cosiddetta "transizione verde" ed a caro prezzo: il gas.

A dimostrazione del successo dell'operazione la Tass il 7 gennaio 2022 ha annunciato che la russa Gazprom e la turca Botas hanno concluso un contratto di quattro anni per la fornitura di 5,75 miliardi di metri cubi di gas (https://bit.ly/3HQKfVg).

E sicuramente l'Europa, spinta dalle necessità, presto seguirà l'esempio della Turchia.

La saga umana del clima: conclusione

Se siete giunti a questo punto della lettura e non siete marziani, non mi dite che non siete confusi Tranquilli, con questa parte finale vedrete che la vostra confusione aumenterà.

Abbiamo visto cosa oggi si discuta in migliaia di tavoli, in decine di migliaia di cene ed incontri internazionali per poi tornarsene tutti con la stessa opinione di prima a gridare che dobbiamo fare qualcosa di più.

Il clima, o meglio, la nostra atmosfera, esiste da quando una stella super gigante è esplosa qualche miliardo di anni fa ed ha creato un bel sistema solare e quel pianeta azzurro che da breve tempo abitiamo con la sua ed unica atmosfera, tanto variabile quanto fondamentale. Facciamo di tutto per capirla la nostra Terra, prevederla ed ora anche controllarla, ma nel mentre continuiamo a sporcarla.

Da meno di un secolo abbiamo scoperto quanto siamo fortunati, ad avere questa nostra atmosfera, con il suo bel clima, anche se ballerino.

Guardando gli altri nostri pianeti fratelli e tutte le centinaia di Lune che da poco abbiamo scoperto nel nostro sistema solare, non possiamo negare un certo sconcerto. Siamo proprio i soli ad avere qualcosa intorno di respirabile e da così tanto tempo e, che per di più, ci protegge dai raggi solari, ci dona acqua dolce in abbondanza, che tra scaldatine e raffreddamenti ci ha sospinto ad occupare l'intera superficie del pianeta, trovando in ogni angolo di che nutrirci a suo sbafo.

E c'è di più, siamo diventati così bravi con i nostri telescopi e satelliti artificiali da poter scrutare anche pianeti di stelle lontane e così scoprire che, in quelle remote regioni dello spazio, non ci sono pianeti "abitabili".

Speriamo che il nuovo super-telescopio James Webb, lanciato nello spazio il 25 dicembre 2021, trovi il nostro pianeta B, ma non ci spero molto.

Vero è che l'universo è un tantino più grande, con le sue oltre cento miliardi galassie e con più di cento miliardi di stelle per ciascuna, la probabilità che, in qualche altra parte, si sia formata una combinazione fortunata come la nostra forse potrebbe esistere.

Ma potrebbe anche essere che la nostra bella Terra, sia una combinazione così improbabile e così rara da essere unica… chi può saperlo! Nel dubbio meglio che ce ne prendiamo cura.

In ogni caso, e qualsiasi sia la nostra attuale situazione che alcuni dichiarano disastrosa, beh, un po' di fortuna, dobbiamo proprio dirci che l'abbiamo.

Sembra che, nonostante pestilenze, terremoti e soprattutto guerre tra di noi, l'umanità stia vincendo la battaglia per il dominio del pianeta rispetto a tutti gli altri esseri viventi che la abitano.

Se esistesse su Marte un popolo marziano che con un potente telescopio avesse seguito la nostra storia come un tifoso di calcio, non potrebbe fare a meno di applaudire al nostro successo: otto miliardi di formichine che scorrazzano felicemente da una parte all'altra del pianeta, dominandolo come se fossimo gli unici proprietari.

Ma quei marziani probabilmente non sarebbero in grado di scrutare tutti i dettagli sui nostri comportamenti ed i grandi rischi che ci siamo creati per la nostra stessa sopravvivenza, rischi, che se essi li conoscessero e ne avessero il potere, ci chiuderebbero tutti in un gigantesco manicomio.

Quei marziani non esistono; lo sappiamo bene perché da tempo siamo giunti anche su quel pianeta, e tra l'altro da tempo non manchiamo di inquinarlo con tutte le nostre discese sulla sua superficie, come del resto stiamo facendo con le decine di migliaia di satelliti artificiali che girano intorno al nostro pianeta.

Giunti a questo punto della lettura una cosa si sarà capito e cioè come l'evoluzione darwiniana dei mammiferi ci abbia decisamente favorito rispetto agli altri che occupano il pianeta.

Pare che quel nostro chilo e mezzo di neuroni ci abbia reso capaci di discernere, qualità che qualcuno chiama intelligenza, per essere in grado di indagare la natura, che qualcuno chiama scienza, di tramandare il passato, che qualcuno chiama storia e di divinare il futuro, che qualcuno chiama speranza.

Con questo bagaglio di capacità ed informazioni non abbiamo capito, o forse, preferiamo non capire, la semplice verità di come tutti i nostri atti e tutto quanto ci circonda è determinato dall'evolversi di un'infinita quantità di elementi di cui parte siamo causa, ma che per la maggior parte non dipendono da noi.

Tornando con i piedi per terra, abbiamo a disposizione una quantità infinita di dati storici e geologici, di cui solo una piccola parte sono riportati in questo libro. Con questi dati riusciamo a lanciare sonde oltre Plutone, a ispezionare lo Spazio, e addirittura per non parlare di come riusciamo a modellare matematicamente un virus per creare un nuovo vaccino.

Quindi dovremmo anche riuscire a raggiungere un ragionevole equilibrio sulla questione dei cambiamenti climatici e le sue conseguenze, perché la Natura non può attendere i nostri comodi.

Cominciamo col mettere in fila gli argomenti fin qui trattati per poter trarre qualche conclusione.

- Quasi 5 miliardi di anni fa si forma il pianeta Terra
- 3 miliardi di anni fa alcune molecole si alleano e nasce la vita primordiale che genera ossigeno nell'atmosfera
- 700 milioni di anni fa il pianeta si plasma con immani eruzioni
- 1 milione di anni fa il Pianeta si stabilizza ed iniziano 8 cicli di glaciazione e riscaldamento.

- 200 mila anni fa il "nonno" homo sapiens, inizia a farsi largo tra gli altri mammiferi.
- Durante l'ultima glaciazione, con oceani 200 metri più bassi e ghiaccio polare fino all'Italia, raggiungiamo le Americhe e l'Australia.
- 25.000 anni fa i ghiacci cominciano a ritirarsi, formano laghi e liberano immensi territori per agricoltura e caccia.
- 12.000 anni fa inizia la preistoria.
- 8.000 anni fa, con la giusta temperatura iniziano a nascere le prime civiltà.
- Cambiamenti climatici di riscaldamento e di raffreddamento fanno nascere e morire imperi e influenzano tutta la nostra civiltà, fino ai giorni nostri.
- 200 anni fa inizia l'era industriale con lo sfruttamento sfrenato delle risorse naturali e l'utilizzo dell'energia fossile.
- Recentemente l'umanità composta da quasi otto miliardi di individui si accorge di influenzare il clima con l'uso sfrenato delle risorse energetiche estratte dal sottosuolo.
- Nel dicembre del 1997 inizia a Kyoto la saga mondiale delle COP (Conference of the Parties) che giunge alla ventiseiesima con la Glasgow del novembre 2021.

- Non finisce l'anno 2021 che il mondo intero viene turbato dall'inatteso aumento dei prezzi delle energie fossili e i vari governi rincorrono metodi per rimborsare i poveri ed arrabbiati cittadini, aumentando i debiti nazionali e rivedendo le promesse fatte sugli interventi per il clima.

E così ci troviamo nell'anno domini 2022 e tutte le buone intenzioni espresse dai rappresentanti di 200 Paesi a Glasgow, solo un paio di mesi prima, vengono messe in dubbio. La saga del riscaldamento globale ricomincia da zero col cercare di acquistare gas al giusto prezzo e ricominciare a costruire centrali atomiche.
Così va il mondo… alla prossima puntata!

www.ingramcontent.com/pod-product-compliance
Lightning Source LLC
LaVergne TN
LVHW030216230826
846093LV00010B/479

* 9 7 9 8 4 0 3 3 3 0 0 7 7 *